TEGAOYA DIANLI ZONGHE GUANLANG

DUNGOU SUIDAO GONGCHENG YANSHOU SHOUCE

特高压电力综合管廊
盾构隧道工程验收手册

国网江苏省电力有限公司检修分公司　组编

中国电力出版社

CHINA ELECTRIC POWER PRESS

内 容 提 要

本书依托苏通 GIL，介绍了特高压综合管廊盾构隧道土建工程施工质量验收的基础知识、基本理论和基本技术。全书共分为 12 章，包括施工质量验收总则，综合管廊基本情况，质量验收基本规定，施工质量验收基本范围，隧道结构检测技术，隧道施工环境检测，盾构工作井及施工通道验收，管片工程施工质量验收，盾构掘进施工质量验收，盾构隧道注浆、防水工程和成型隧道质量验收，隧道施工监控量测质量验收。

本书可供从事综合管廊工程、隧道与地下工程施工质量检测和运营管理的工程技术人员参考，可以作为相关从业人员及高等院校本科生、研究生的学习用书。

图书在版编目（CIP）数据

特高压电力综合管廊盾构隧道工程验收手册/国网江苏省电力有限公司检修分公司组编 . —北京：中国电力出版社，2021.6

ISBN 978-7-5198-5340-2

Ⅰ. ①特… Ⅱ. ①国… Ⅲ. ①特高压输电—电力电缆—地下管道—隧道施工—盾构法—手册 Ⅳ. ①TU994-62

中国版本图书馆 CIP 数据核字（2021）第 022861 号

出版发行：中国电力出版社

地　　址：北京市东城区北京站西街 19 号（邮政编码 100005）

网　　址：http：//www. cepp. sgcc. com. cn

责任编辑：孙建英（010—63412369）　刘汝青　贾丹丹

责任校对：黄　蓓　朱丽芳

装帧设计：郝晓燕

责任印制：吴　迪

印　　刷：三河市航远印刷有限公司

版　　次：2021 年 6 月第一版

印　　次：2021 年 6 月北京第一次印刷

开　　本：787 毫米×1092 毫米　16 开本

印　　张：15

字　　数：283 千字

印　　数：0001—1000 册

定　　价：88.00 元

编 委 会

主　　编　车　凯
副 主 编　汤晓峥　李鹏波　吉亚民　张　涛　王　昊
编写人员　马文亮　许志勇　孙勇军　刘贞瑶　郭　嵘
　　　　　王　荣　黄　涛　杭　嵘　沈明慷　夏　峰
　　　　　蒋昊松　高　鹏　丁忠王　崔　琦

前　言

　　近年来，我国综合管廊正处于蓬勃发展时期。大规模的综合管廊建设，必须建立在科学的施工技术、合理的施工管理及验收之上，才能保障综合管廊长期、高效、安全、节能运行。目前，对于特高压综合管廊盾构隧道土建结构的施工质量验收，缺少专门针对综合管廊主题、防水等过程施工的相关技术和质量验收的手册。

　　针对我国目前特高压综合管廊盾构隧道工程验收手册的现状，结合苏通 GIL 特高压综合管廊工程的施工和验收经验，特此编写本书。本手册的编制主要在研究特高压综合管廊盾构隧道工程施工技术的基础上，提出了特高压综合管廊盾构隧道工程施工过程控制的基本要求，制订了城市特高压综合管廊盾构隧道土建工程的施工质量验收要求，并通过示范工程的经验总结，为今后同类型工程整理了一套完善的验收方法。希望通过本验收手册的编写，能够为我国特高压综合管廊盾构隧道土建工程的质量验收提供指导，完善和规范综合管廊隧道土建工程的验收管理。

　　在本书的编写过程中引用了近年来国内外同行在综合管廊建设、验收与科研中所取得的研究成果，在此向本书所引用的参考文献的作者表示衷心感谢。此外，本书的编写还得到了同行的支持和帮助，在此也一并致谢！

　　限于编者水平，书中难免存在不足之处，敬请广大读者批评指正。

编者

2020 年 12 月

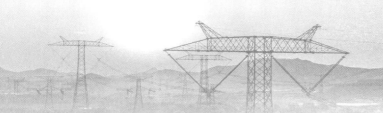

目　录

第1章

绪　　论

1.1　城市综合管廊基本概念

1.1.1　城市综合管廊定义

综合管廊即地下综合管廊，是指建于城市地下，用于容纳两类及以上城市工程管线的构筑物及附属设施，敷设城市范围内满足生活、生产需要的给水、雨水、污水、再生产、天然气、热力、电力、通信等多种市政公用管线，如图 1-1 所示。

综合管廊实现了城市地下空间利用和资源共享。与传统管线直埋方式相比，具有以下优点：

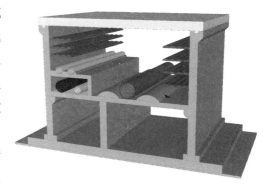

图 1-1　地下综合管廊结构图

（1）为市政管线远期扩容提前预留空间，减少日后由于管线扩容、维修等反复开挖道路的情况，消除"拉链马路"。

（2）有利于合理规划城市地下空间，集约城市建设用地，避免"城市蜘蛛网"。

（3）各类市政管线统一集中敷设保障城市安全与完善城市功能，提高管线运行安全。

（4）各类管线避免直接与土和地下水接触，保护城市生态环境，延长管线使用寿命。

标准的地下综合管廊一般由以下 4 部分组成：

（1）综合管廊本体。一般为现浇或预制的地下构筑物，其主要作用是容纳各种市政管线。

（2）管线。各种管线是地下综合管廊的核心和关键，主要是信息光缆、电力电缆、给水管道、热力管道等市政公用管线。

1

（3）安全运行保障系统。含消防系统、供电系统、照明系统、监控及报警系统、通风系统、排水系统等。

（4）地面设施。综合管廊实施统一规划、设计、建设和管理，是保障城市运行的重要基础和"生命线"。

1.1.2 城市综合管廊分类

根据容纳管线输送性质的不同，综合管廊的性质与构造也有所不同，一般分为干线综合管廊、支线综合管廊、缆线综合管廊和混合型综合管廊 4 类。

干线综合管廊是指用于容纳城市主干工程管线，采用独立分舱方式建设的综合管廊。一般设置于道路车行道或道路中央下方，主要输送原站（如自来水厂、发电厂、燃气制造厂等）到支线的综合管廊，一般不直接服务沿线地区。其主要容纳的管线为电力、通信、自来水、燃气、热力等管线，有时根据需要也将排水管线收容在内，如图 1-2 所示。

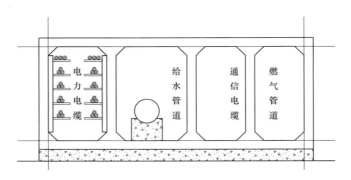

图 1-2　干线综合管廊示意图

干线综合管廊的断面通常为圆形或多格箱形，其内部一般设置工作通道及照明、通风、排水等附属设施。

干线综合管廊的主要特点为内部结构紧凑、结构断面尺寸大、覆土深、系统稳定且输送量大、安全性高、维修及检测要求高。

支线综合管廊是指用于容纳城市配给工程管线，采用单舱或双舱方式建设的综合管廊。

支线综合管廊主要负责将各种供给从干线综合管廊分配、输送至各直接用户，一般设置在道路的绿化带下、道路两侧的非机动车道或人行道下，收容直接服务用户的各种管线。支线综合管廊的断面以矩形断面较为常见，一般为单格或双格箱形结构。内部设置工作通道、照明及通风设备。主要特点为有效（内部空间）断面较小、结构简单、施工方便、设备多为常用定型设备、一般不直接服务大型用户，如图 1-3 所示。

缆线综合管廊是指采用浅埋沟道方式建设，设有可开启盖板，但其内部空间不能满足人员正常通行要求，用于容纳电力电缆和通信线缆的管廊。主要负责将市区架空的电力、通信、有线电视、道路照明等电缆收容至埋地的管道。一般设置在道路的人行道下面，其埋深较浅，一般为 1.5m 左右。断面小，以矩形断面较为常见。

缆线综合管廊的主要特点有：①节约地下空间，经济性最强；②内部构造简单，施工方便；③内部空间较小，容纳管线较少；④不要求设置工作通道、照明及通风等设备，后期的维护和管理简单。

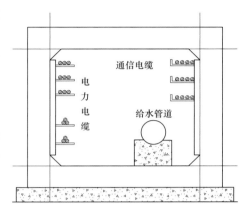

图 1-3 支线综合管廊示意图

市政道路下一般规划有输水管线、高压电力电缆、高压燃气管线等输送性管线，又规划有配水、中压电力电缆、中压燃气管线、排水管线等服务性管线。某些综合管廊既具有容纳输送性管线又容纳服务性管线，兼具干线综合管廊与支线综合管廊的功能，因此称为混合型综合管廊。一般至少分为两个舱室，如图 1-4 所示。

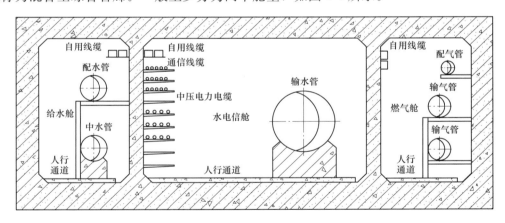

图 1-4 混合型综合管廊

混合型综合管廊在干线综合管廊和支线综合管廊优缺点的基础上有所取舍，因此断面比干线综合管廊小，也设置在人行道下防，一般适用于道路较宽的城市道路。

1.1.3 城市综合管廊常见的断面形状

综合管廊常见的断面形状主要有矩形、圆形、异形等，主要根据施工方式等因素确定。

矩形断面空间利用率高，维修保养操作和空间分隔方便，管线敷设方便，一般用于新开发区、新建道路等空旷的区域。因此当具备明挖施工条件时可以有限考虑。但结构受力不利，相同内部空间的管廊用钢量和混凝土材料用量较多，成本加大。

圆形断面一般用于支线综合管廊和缆线综合管廊。制造工艺成熟，生产方便；结构受力有力，采用顶管法或盾构法施工时较易施工。但圆形断面和马蹄形断面的空间利用率相对较低，致使在管廊内布置相同数量管线的直径需加大，增加工程成本，也增加了地下空间对断面的占用，而且容易产生不同市政管线之间的空间干扰。

异形断面管廊是为了避开圆形和矩形断面管廊的缺点，综合其优点的一种管廊断面形式，常见的有三圆拱、四圆拱、多弧拱等形式。其特点是顶部近似于圆弧的拱形，结构受力合理。

1.1.4 城市综合管廊施工方法

综合管廊施工方法主要有明挖法和暗挖法。暗挖法有顶管法、盾构法、浅埋暗挖法。明挖法是利用支护结构支撑下，在地表进行基坑开挖，在基坑内施工内部结构的施工方法。明挖现浇工法一般可分为放坡开挖和挡土明挖。施工速度较快，工程造价和施工难度相对较低。

顶管法是一种暗挖施工方法，是一种不开挖或者少开挖的管道埋设施工技术。在工作坑内借助于顶进设备产生的顶力，克服管道与周围土壤的摩擦力，将管道按设计的坡度顶入土中，并将土方运走。一节管完成顶入土层之后，再下第二节管继续顶进。其原理是借助于主顶油缸及管道间、中继间等推力，把工具管或掘进机从工作坑内穿过土层一直推进接收坑内吊起。管道紧随工具管或掘进机后，埋设在两坑之间。适用于软土或富水软土层。这种方法无需明挖土方，对地面影响小，设备少，工序简单，工期短，造价低，进度快，适用于中型管道施工，但管线变向能力差，纠偏困难。

盾构法是采用盾构机在土层中掘进，同时在盾构钢壳体的保护下进行开挖作业和衬砌拼装作业，从而形成综合管廊隧道的施工方法。基本工作原理是一个圆柱体的钢组件沿隧洞轴线边向前推进边对土壤进行挖掘。该圆柱体组件的壳体即护盾，它对挖掘出的还未衬砌的隧洞段起着临时支撑的作用，承受周围土层的压力，有时还承受地下水压，挖掘、排土、衬砌等作业在护盾的掩护下进行。盾构机施工具有自动化程度高、节省人力、施工速度快、一次成洞、不受气候影响、开挖时可控制地面沉降、减少对地面建筑物的影响和在水下开挖时不影响地面交通等特点，在隧洞洞线较长、埋深较大的情况下，用盾构机施工更为经济合理。

浅埋暗挖法在距离地表较近的地下，采用适当的支护措施进行土方开挖、封闭成环，使其与围岩或土层形成密帖支护结构的暗挖施工方法。沿用新奥法基本原理，初次支护按承担全部基本荷载设计，二次模筑衬砌作为安全储备；初次支护和二次衬砌共同承担特殊荷载。应用浅理暗挖法设计、施工时，同时采用多种辅助工法，超前支护，改善加固围岩，调动部分围岩的自承能力，并采用不同的开挖方法及时支护、封闭成环，使其与围岩共同作用形成联合支护体系；在施工过程中应用监控量测、信息反馈和优化设计，实现不塌方、少沉降、安全施工等，并形成多种综合配套技术。

在明挖法和盾构法不适应的条件下，浅埋暗挖法显示了其优越性。具有灵活多变，对道路、地下管线和路面环境影响性小，拆迁占地少，不扰民的特点，适用于已建区的改造。

盖挖法是指在盖板及支护体系保护下，进行土方开挖、结构施工的综合管廊施工方法，可分为顺作法和逆作法。

矿山法是指通过钻孔、装药、爆破开挖岩石进行综合管廊主体结构施工的方法。

岩石掘进机法（TBM法）是利用岩石掘进机将岩石剪切挤压破碎，然后通过配套的施工运输设备将碎石运出，同时利用 TBM 进行开挖作业和衬砌作业，从而形成综合管廊隧道的施工方法。

1.1.5　城市综合管廊的主体结构

地下综合管廊的主体结构分为现浇钢筋混凝土综合管廊结构和预制拼装综合管廊结构。

现浇混凝土综合管廊结构采用在施工现场整体浇筑混凝土。

预制拼装综合管廊结构是在工厂内分节段浇筑成型，运输至施工现场，现场采用拼装工艺施工成为整体的综合管廊。预制综合管廊结构包含带纵向拼缝接头，带纵、横拼缝接头的预制拼装综合管廊。

目前，明挖现浇混凝土结构使用较多，明挖现浇综合管廊的直接成本相对较低，适用于城市新建区的管网建设。

在具备运输条件的情况下采用明挖预制装配式混凝土结构，其采用标准化和模块化施工技术，在工厂预制标注段，在现场浇筑接出口、交叉部等特殊段，可以有效降低造价和工期，控制管廊结构的质量。

明挖钢制波纹管结构处于起步阶段，国内少量试验段采用。

1.1.6　城市综合管廊的附属构筑物

综合管廊的附属构筑物主要用于人员出入、逃生、设备吊装、检查检修、进排风的井室结构，其对应的出口为人员出入口、逃生口、吊装口、检查口、进风口及排风口。

1.2 国内外城市综合管廊发展概况

1.2.1 国外城市综合管廊发展概况

城市综合管廊在其他国家称为地下管线共同沟或地下综合管沟，已有 180 多年的发展历史，在系统日趋完善的同时其规模也越来越大。

综合管廊起源于法国巴黎，1832 年开始修建世界上第一条综合管廊，最大宽度约为 6m，最大高度约为 5m。收纳了自来水、通信、电力、压缩空气管道等市政公用管道，各类管线共舱敷设，安装在管廊中上部。下部凹槽用于排放雨污水。在后来的发展过程中将断面更改为更符合现代城市的矩形断面。如今巴黎已经建成总长度约 2100km 的管廊，有很高的网络化和层次化，将城市的地下与地上进行统一的管理，在保护上层建筑的同时也大力开发了城市地下空间。

随后，各国开始纷纷兴建地下管廊。

1861 年，英国在伦敦市区兴建综合管廊，采用 12m×7.6m 半圆形断面，收容自来水管、污水管及瓦斯管、电力、电信外，还敷设了连接用户的供给管线。

1893 年，德国在前西德汉堡市的 KaiserWilheim 街，两侧人行道下方兴建 450m 的综合管廊收容暖气管、自来水管、电力、电信缆线及煤气管，但不含下水道。

1933 年，苏联在莫斯科、列宁格勒、基辅等地修建了地下共同沟。莫斯科地下有 130km 长的地下综合管廊，除煤气管外，各种管线均有，只是截面较小，内部通风条件也较差。

1953 年，西班牙第一条管廊建成于马德里，政府在发现其对道路状况的改善后进行大力推广，如今在西班牙多个城市都已建成较为完善的综合管廊。

1960 年起，美国开始了综合管廊的研究，1970 年，美国在 White Plains 市中心建设综合管廊，但不成系统网络，除了煤气管外，几乎所有管线均收容在综合管廊内。

1926 年，日本建设第一条管廊位于首都东京市中心九段地区，管廊铺设了电力、电话、供水和煤气等管线。但是在相当长的一段时间内，日本综合管廊建设发展缓慢，直到 1962 年颁布了《共同沟特别措施法》后，综合管廊的建设进入了快速发展阶段。各大城市大量的投入综合管廊的建设。目前，日本的综合管廊总里程达到约 1100km，是世界上综合管廊建设管理最先进的国家之一。

20 世纪 90 年代末，新加坡首次在滨海湾推行地下综合管廊建设，如今滨海湾项目已成为新加坡在地下空间开发利用方面的一个成功案例。这条地下综合管廊距地面 3m，全长 3.9km，收纳了供水管道、电力和通信电缆和垃圾收集系统。新加坡综合管廊将运维管理前置到设计阶段，注重建设周围的后续建筑对管廊的影响，对管廊进行系统精细的监管，创造智慧的运维平台，达到高效率的管廊运行系统。

1.2.2 国内城市综合管廊发展概况

我国的综合管廊建设可以分为以下几个阶段：

(1) 初始阶段（1994 年以前）。个别地方建设了综合管廊，处于探索期。

1958 年，北京市在天安门广场敷设了第 1 条 1076m 长的综合管廊，主要用于敷设电力电缆。1977 年，又建设了一条长 500m 的综合管廊，采用盖板槽涵方式，内部容纳了电力、给水和供热管线。此后大同、天津等地进行了小规模的综合管廊建设，容纳的管线类型和数量有限。

(2) 起步发展阶段（1994—2006 年）。1994 年我国在开发浦东新区的过程中，建成了我国第 1 条现代化的综合管廊，包括 1 条干线和 2 条支线，全长 11.125km，收容了煤气、通信、上水、电力 4 种城市管线。此后，很多城市均开展了不同规模的综合管廊建设。其中具有代表性的综合管廊工程如上海安亭镇综合管廊、广州大学城综合管廊，对我国后期的综合管廊发展起到了重要的借鉴作用。

2003 年启动建设的广州大学城综合管廊是我国第一条体系完善、功能齐全、运营成功的综合管廊。该管廊与大学城建设紧密相关，全长 18km，分为三舱、双舱、单舱 3 种断面，集中敷设电力、通信、燃气、给排水等市政管线。工程采用明挖现浇施工。

2005 年启动建设的上海世博会园区综合管廊，全长 6.2km，采用明挖施工。现浇和预制的建造方式充分考虑了地下空间规划的协调，是国内首次采用预制拼装法施工，是综合管廊施工工艺的创新。

(3) 缓慢发展阶段（2007—2014 年）。随着我国城市化进程的加快，2007 年住房和城乡建设部（简称"住建部"）发布的《建设事业"十一五"重点推广技术领域》中提出："推广市政公共地下综合管廊"。对综合管廊的发展起到了推动作用。这一阶段，更多的城市开始了综合管廊的规划或建设，除了上述已经开展综合管廊建设的城市外，武汉、厦门、南京、合肥、珠海、苏州、青岛、嘉兴、唐山、石家庄、无锡、大连等地都开始了综合管廊建设。

2007 年，武汉开始建设王家墩中央商务区综合管廊，是全国唯一在城市中心区建设的综合管廊，也是华中地区第一条城市综合管廊。实现了综合管廊、地下车库联络道、车形隧道、地下人行通道及地铁换乘站等功能，由"一环一隧、一廊一网"组成。

另外，综合管廊的建设规模也逐渐增大。2009 年，珠海市横琴综合管廊启动建设。当时，岛上遍布滩涂、鱼塘、蕉林，是国内目前淤泥深度最深、地质条件最差的地区之一，淤泥平均厚 25m，最深可达 41.5m 以上，横琴综合管廊施工红线范围内 90% 处于复杂的软土地基上，局部区域还分布有深 5～10m 的块石层，施工难度非常大。2013 年建成，横琴新区地下综合管廊是在海漫滩软土区建成的国内首个成系统的综合管廊，总长度为 33.4km，投资额为 22 亿元。综合管廊呈"日"字形布局，基本覆盖全区的市政道路主干道，综合管廊分为一仓式、两仓式和三仓式 3 种。管廊纳入给水、电力（220kV 电缆）、通信、冷凝水、中水和垃圾真空管 6 种管线，同时配备有计算机网络、自控、视频监控和火灾报警四大系统，具有远程监控、智能监测（温控及有害气体监测）、自动排水、智能通风、消防等功能。此工程是第一个获得鲁班奖殊荣的城市地下综合管廊。管廊断面如图 1-5 所示。

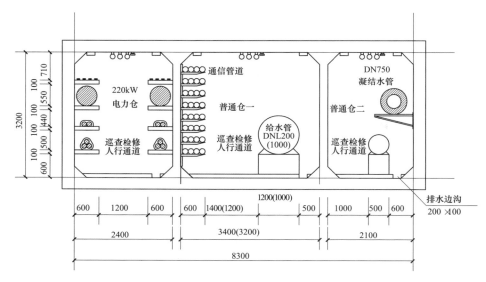

图 1-5　横琴综合管廊断面图

2009 年开始建设青岛高新区的综合管廊是全国目前规模最大、线路最长、体系最完整的地下市政综合设施空间体系，已建成并投入运营的长度达 55km，按照"轴向敷设、环状布局、网状服务"的布局原则，在 25 条道路规划地下综合管廊，廊内主要布置电力、通信（有线电视）、给水、中水、热力、交通信号等公共设施管线。

在这个阶段，我国大陆地区的综合管廊规划建设经验积累越来越丰富，住建部出台了《城市综合管廊工程技术规范》（GB 50838—2015）。

（4）快速推进阶段（2015 年至今）。

2015 年 7 月，住建部宣布全国城市综合管廊建设全面启动。国务院和住建部连续发布了一系列规范。包头、沈阳、哈尔滨、苏州、厦门、十堰、长沙、海口、六盘水、白银 10 个城市入围综合管廊建设第一批试点城市，综合管廊建设进一步推广到了中小城市。2016 年又开展了第二批城市试点，综合管廊的建设发展以前所未有的速度推进。

2016 年底开工建设的广州市中心区地下综合管廊（沿轨道交通十一号线），沿着广州地铁 11 号进行敷设，是目前最长的伴随地铁建设的地下综合管廊，总长度约 48km，其中主线线路长度约 44.9km，支线线路长度约 3.1km。主线全部采用地下敷设方式，支线线路主要沿科韵路敷设，全部采用地下敷设。

西安市城市地下综合管廊项目Ⅱ标段工程，为目前国内最大的城市地下综合管廊项目。该项目新建干支线综合管廊共计 73.13km，缆线管廊共 182.5km。干支线综合管廊管线包括给水、再生水、热力、电力、电信、燃气、污水 7 种，均设置于综合管廊内。其中给水、再生水、热力、电信电缆、燃气、污水 6 种，设置于综合仓，电力电缆单独设置于电力仓。

厦门翔安新机场地下综合管廊是目前最长的跨海地下综合管廊，建设总里程 19.75km，跨越海域总长度 3.4km，共包含综合管廊 8 条，主要纳入电力、通信、给水、中水、燃气、雨水、污水等管线。采用顶管施工，顶管外径 3.6m，是国内目前跨海管廊施工领域顶距最长、直径最大的顶管工程。

苏州市城北路综合管廊工程长度总长 11.5km，收容该规划区域内自来水、污水、燃气、电力、电信、移动、联通、有线电视等 9 大类管线。该工程矩形顶管截面面积为 9.1m(宽)×5.5m(高)＝50.05m²，长度为 73.8m，已于 2017 年 11 月贯通。

目前，我国综合管廊技术标准体系已经逐渐完善，建设水平和维护能力不断提高，为城市综合承载能力提升和安全运行提供了坚实的保障。

1.3 综合管廊标准或规范现状

1.3.1 综合管廊设计技术标准及规范

2013 年以来，国务院、财政部、住建部发布了一系列政策和意见，对于推进综合管廊的建设具有重要意义。《国务院办公厅关于推进城市地下综合管廊建设的指导意见》（国办发〔2015〕61 号）于 2015 年 8 月 10 日公布。工作目标是到 2020 年，建成一批具有国际先进水平的地下综合管廊并投入运营，反复开挖地面的"马路拉链"问题明显改善，管线安全水平和防灾抗灾能力明显提升。

截至到 2019 年 1 月，我国已经正式发布的城市地下综合管廊设计技术相关标准有《城市综合管廊工程技术规范》（GB 50838—2015）、《城镇综合管廊监控与报警系统工程技术标准》（GB/T 51274—2017）、《城市地下综合管廊运行维护及安全技术标准》（GB 51354—2019）。其中 2015 年 6 月 1 日起实施的《城市综合管廊工程技术规范》（GB 50838—2015）对 2012 年版本的《城市综合管廊工程技术规范》进行了较大的修改和完善，对中国综合管廊建设的推动起到了积极的作用，本版规范强调原则上所有管线必须入廊，但也扩充了综合管廊的分类，新增了缆线管廊，已基本确定为综合管廊规划设计的技术标准，基本明确了给（中）水、电力、通信、热力、天然气、雨水、污水等城市工程管线进入综合管廊的技术条件，基本确立综合管廊配套设施的技术要求，为我国综合管廊工程建立了基本的技术标准体系。同时，在实际的工程应用中，仍有较多具体的技术标准需要参考其他专业领域的技术规范与标准。由于综合管廊具有鲜明的多专业融合的特点，会出现不同专业技术标准间的冲突与矛盾或出现技术空白。

　　基于"集约化敷设城市工程管线"的理念，城市综合管廊的设计技术标准力求把握各类管线敷设的基本要求和主要原则，在满足安全运营的前提下，采取合适的保障技术手段，尽量使不同管线集约化共建敷设。因而，综合管廊的设计技术标准一定是综合性的、兼顾各入廊管线特点的技术标准。也正因为如此，综合管廊的技术标准不能以某一种管线入廊的特定技术要求而制定，也就必然与某些管线敷设的现行技术标准有冲突。

　　比较典型的是电力管线入廊的分舱原则问题。电力管线作为城市最基本的能源管线，几乎每条综合管廊工程都会纳入电力管线，入廊电力管线也成为综合管廊工程最普遍的工程因子。当电力管线入廊时，综合管廊设计需要考虑电力管线入廊的分舱原则，即考虑电力管线与入廊的其他城市工程管线之间的关系与相互影响。

　　经住建部批准正式发布实施的相关图集有《综合管廊工程总体设计及图示》（17GL101）、《现浇混凝土综合管廊》（17GL201）、《综合管廊监控及报警系统设计与施工》（17GL603）、《预制混凝土综合管廊》（18GL204）、《预制混凝土综合管廊制作与施工》（18GL205）等。

　　相关团体标准有《城市综合管廊施工技术标准》（T/CCIAT 0006—2019）、《城市地下综合管廊管线工程技术规程》（T/CECS 532—2018）、《城市综合管理运营管理标准》（T/CECS 531—2018）。

1.3.2　综合管廊验收标准及规范

　　不同于一般的建筑工程，综合管廊的"使用者"是各类城市工程管线，各类管线在入廊安装敷设时，其自身也是工程；另外，由于综合管廊建设的前瞻性，入廊的各类管线也是根据需求分阶段入廊敷设。这说明，综合管廊工程的验收有着明显的区分于一般建筑工程的特点。

针对这个特点，应依据综合管廊的规范定义，即"建于城市地下用于容纳两类及以上城市工程管线的构筑物及附属设施"，明确综合管廊工程验收的内容是构筑物本身及其附属设施，不包含管线工程的验收。对于入廊的管线工程，应与综合管廊工程区分开来，分类进行独立验收。

显然，综合管廊的施工与验收标准体系也是多专业复合型的体系。目前我国尚缺少国家级正式发布的综合管廊施工与验收标准，实践中多是参考设计规范或者通用的工程施工及验收规范。

目前现有的地方标准有：陕西省《陕西省城镇综合管廊施工与质量验收规范》（DBJ61/T 139—2017）、山东省《城市地下综合管廊工程施工及验收规范》（DB37/T 5110—2018）、广东省《城市综合管廊工程施工及验收规范》（DB4401/T 3—2018）、浙江省《城市地下综合管廊工程施工及质量验收规范》（DB33/T 1150—2018）、北京市《城市综合管廊工程施工及质量验收规范》（DB11/T 1630—2019）、上海市《松江南站大型居住社区综合管廊工程验收导则（试行）》。

1.4　综合管廊发展趋势

1.4.1　设计标准体系的逐步完善

《城市综合管廊工程技术规范》（GB 50838—2015）涵盖规划、设计、施工、验收等内容，可作为大纲性的标准指导管廊建设准备阶段工作。综合管廊建设区别于一般地下工程（地铁隧道）及市政管线工程，缺少设计、施工及验收规范、标准。综合管廊内部管线施工缺乏独立、统一的标准。相关部门已出台相关文件以完善城市综合管廊标准体系建设，以推动我国综合管廊的健康发展。

1.4.2　管廊与地下空间建设相结合

城市地下综合管廊的建设不可避免会遇到各种类型的地下建（构）筑物，实际工程中经常会发生综合管廊与已建或规划地下空间、轨道交通产生矛盾，解决矛盾的难度、成本和风险通常很大。应从前期规划着手，将综合管廊与地下空间建设统筹考虑，不但可以避免后期出现的各种矛盾，还能降低综合管廊的投资成本。如综合管廊与地下空间重合段可利用地下空间某个夹层、结构局部共板等。

1.4.3 快速绿色施工技术的应用

目前管廊较多采用明挖现浇施工方法，但这种方法存在一定弊端，如对周边环境影响较大、周转材料及临时材料消耗量较大、人力成本较高等。而预制拼装施工技术尚未得到普遍认可，特殊节点的处理对整体移动模架和预制拼装施工带来较大困难。建设开发灵活方便、成本低的整体移动模架（滑模）技术，研发特殊节点预制的可行性及节点现浇周边预制节段的连接技术，推广应用预制装配式结构，切实做到快速方便的绿色施工。

1.4.4 智慧化技术的应用

智慧技术及智慧设施是智慧城市的部分核心内容。智慧技术指信息和通信技术以及大数据挖掘在城市基础设施和管理中的广泛应用，智慧设施包括但不限于通常的通信、网络、市政、能源、交通等基础设施及镶嵌于各类基础设施的智能设备。综合管廊采用了多种设备进行安全监控、预警、远程管理。鉴于管廊系统的复杂化、集成化、风险性，应综合应用智慧城市技术，加强管廊的信息化管理，减少人工的管理强度。通过BIM 及 GIS 技术的结合，可使得城市管廊规划、设计、施工、运维向智慧基础设施发展，构建智慧管廊，为智慧城市作出贡献。

另外，在当前的建设中应重视地下基础设施的信息化发展。根据管线的生命周期规律，在规划、竣工、普查 3 个重要阶段实现"三库合一"，构建地下管线一张图，做到数据的动态更新。当前各地的地下管线数据的格式已得到了规划和统一，具备了数据共享的基础。各地正在开展地下管线的普查工作，掌握了地下管线的现状和本底，方能为规划编制提供基础资料，后续规划才具有问题导向性，才能从规划中采取针对性措施，才能从源头上防范风险。

1.5 编制《验收手册》的必要性

目前国家标准《城市综合管廊工程技术规范》（GB 50838—2015）对综合管廊的施工及验收做了规定，缺少专门针对特高压综合管廊主体、防水等过程施工的相关质量验收标准。大规模的综合管廊建设，必须建立在科学的施工技术、合理的施工管理之上，才能保障综合管廊长期、高效、安全、节能运行。

针对我国目前综合管廊工程及验收规范或标准的现状，结合现有的研究成果和验收经验，编写一部适合我国特高压综合管廊的验收手册势在必行。本手册的编制主要在研究城市综合管廊隧道工程等施工技术的基础上，提出特高压综合管廊隧道工程过程控制的基本要求，制订特高压综合管廊隧道工程的质量验收要求，并通过示范工程的经验总结，为今后同类型工程整理一套完善的验收方法并提供技术支撑。希望通过本验收手册的编写，能够为我国特高压综合管廊隧道工程的质量验收提供指导，加强特高压综合管廊的施工管理，提高特高压综合管廊的施工质量，完善和规范特高压综合管廊隧道工程的验收管理，提升我国特高压综合管廊隧道工程验收的整体水平，充分发挥其安全、高效的验收功能，充分保证其后期安全、高效的运营服务功能，实现特高压综合管廊的使用寿命，避免和降低重大灾害损失，获取隧道的社会经济效益。

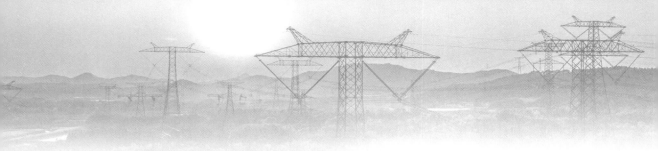

第2章
总　　则

2.1　编制目的和参考标准

为了加强特高压综合管廊隧道工程的验收工作，提高质量验收水平，充分发挥其安全、高效的功能，降低重大灾害发生的概率和减少损失，获得最大的社会和经济效益，特制定本质量验收手册。

本手册的主要适用对象为特高压综合管廊的盾构隧道工程验收，也可以为城市交通盾构隧道作为参考。

编制本手册所参考的国家及地方规范、标准包括：

（1）《城市综合管廊工程技术规范》（GB 50838—2015）。

（2）《盾构法隧道施工及验收规范》（GB 50446—2017）。

（3）《陕西省城镇综合管廊施工与质量验收规范》（DBJ61/T 139—2017）。

（4）《城市地下综合管廊工程施工及验收规范》（DB37/T 5110—2018）。

（5）《城市综合管廊工程施工及验收规范》（DB4401/T 3—2018）。

（6）《城市地下综合管廊工程施工及质量验收规范》（DB33/T 1150—2018）。

（7）《城市综合管廊工程施工及质量验收规范》（DB11/T 1630—2019）。

2.2　特高压综合管廊隧道工程验收的目的

特高压综合管廊隧道工程验收目的是加强其施工和质量验收管理，确保施工过程的工程安全、环境安全和工程质量，并明确特高压综合管廊盾构掘进隧道工程的施工技术和质量验收标准。

通过采用各种有效的措施和手段，提高工程质量，实现特高压综合管廊的使用寿命，充分发挥综合管廊后期安全、高效的运营服务功能，获得更大的社会经济效益。

结合所验收的特高压综合管廊隧道工程的实际施工情况，采用有效可靠的检测技术和设备，为隧道运营服务提供基础数据。

2.3 特高压综合管廊隧道工程验收的原则

特高压综合管廊隧道工程验收工作围绕"确保工程安全、环境安全和工程质量"的原则，结合管廊隧道工程的情况，合理地确定验收流程和方法，以达到安全、经济、高效的目的。

特高压综合管廊验收工作应根据积累的技术资料并结合隧道的具体情况，采用科学合理且经济的方法，尽可能保障并提高隧道及其附属设施的耐久性和安全性。

特高压综合管廊隧道工程验收的组织实施，应符合《盾构法隧道施工及验收规范》(GB 50446—2017) 等的有关规定，在隧道施工的同时，应注重施工安全。

隧道验收管理部门和技术人员，应积极学习新的隧道验收技术和科学的管理方法，不断提高验收质量管理水平，改善验收手段，达到科学管理的目的。

2.4 特高压综合管廊隧道工程施工及验收的技术要求

特高压综合管廊的施工技术要求，相似于一般建筑工程，又不同于一般的建筑工程，具有特殊性，主要体现在以下几个方面：

（1）综合管廊属于线型结构体，综合管廊的不均匀沉降、地基处理质量尤其重要，通过反复模拟实验以及现场施工经验的总结，编制出科学合理的细部节点构造和施工方法，研究提高综合管廊现浇混凝土结构耐久性的施工方法和措施。

（2）综合管廊工程的防水施工尤为重要，管廊基坑回填后，若防水出现严重的质量问题，很难进行修补，从材料质量的控制、施工工艺质量的控制尤其重要，结合不同材料的特性和施工方法的选择，通过模拟及现场实验，编制出一套科学合理的质量验收标准。

（3）对综合管廊施工质量控制的程序进行规范，并对自检、互检、交接检及监督的具体内容、流程进行规范。

（4）针对综合管廊主体结构长达100年的设计使用年限，建立一套适用于综合管廊的混凝土施工技术标准和质量验收标准。

特高压综合管廊工程施工质量验收应划分为单位（子单位）工程、分部（子分部）工程、分项工程和检验批。

施工前，应由施工单位制定的分项工程和检验批的划分方案，并由监理单位审核。综合管廊工程完工后，应组织验收。在施工单位自检合格的基础上，按检验批、分项工程、分部（子分部）工程、单位（子单位）工程的顺序进行。

　　检验批是工程项目验收的基础，验收分为主控项目和一般项目。主控项目，即在管廊工程中对结构安全和使用功能起到决定性作用的检验项目；一般项目，即除主控项目以外的检验项目，通常为现场实测实量的检验项目，又称为允许偏差项目。

第3章
综合管廊基本情况

3.1 专 业 术 语

3.1.1 综合管廊专业术语

（1）综合管廊（utility tunnel）。建于城市地下用于容纳两类及以上城市工程管线的构筑物及附属设施。

（2）干线综合管廊（trunk utility tunnel）。用于容纳城市主干工程管线，采用独立分舱方式建设的综合管廊。

（3）支线综合管廊（branch utility tunnel）。用于容纳城市配给工程管线，采用单舱或双舱方式建设的综合管廊。

（4）缆线管廊（cable trench）。采用浅埋沟道方式建设，设有可开启盖板但其内部空间不能满足人员正常通行要求，用于容纳电力电缆和通信线缆的管廊。

（5）城市工程管线（urban engineering pipeline）。城市范围内为满足生活、生产需要的给水、雨水、污水、再生水、天然气、热力、电力、通信等市政公用管线，不包含工业管线。

（6）通信线缆（communication cable）。用于传输信息数据电信号或光信号的各种导线的总称，包括通信光缆、通信电缆以及智能弱电系统的信号传输线缆。

（7）现浇混凝土综合管廊结构（cast-in-site concrete utility tunnel）。采用现场整体浇筑混凝土的综合管廊。

（8）装配式混凝土综合管廊结构（precast utility tunnel）。在工厂内分节段浇筑成型，现场采用拼装工艺施工成为整体的综合管廊。

（9）浅埋暗挖法（shallow undercutting method）。在距离地表较近的地下，采用适当的支护措施进行土方开挖、封闭成环，使其与围岩或土层形成密贴支护结构的暗挖施工方法。

（10）盾构法（shield method）。采用盾构机在土层中掘进，同时在盾构钢壳体的保护下进行开挖作业和衬砌拼装作业，从而形成综合管廊隧道的施工方法。

（11）预制顶推法（precast incremental launching method）。利用顶推装置将预制的箱形或圆形管廊节段沿综合管廊轴线逐节顶入土层中，同时挖除并运走内部泥土，从而形成综合管廊主体结构的施工方法。

（12）盖挖法（covered excavation method）。在盖板及支护体系保护下，进行土方开挖、结构施工的综合管廊施工方法，可分为顺作法和逆作法。

（13）矿山法（mining method）。通过钻孔、装药、爆破开挖岩石进行综合管廊主体结构施工的方法。

（14）TBM 法（tunnel boring machine method）。利用岩石掘进机（TBM）将岩石剪切挤压破碎，然后通过配套的运输设备将碎石运出，同时利用 TBM 进行开挖作业和衬砌作业，从而形成综合管廊隧道的施工方法。

（15）工作井（working shaft）。采用浅埋暗挖法、盾构法、预制顶推法施工时，用于联系地面、满足设备施工需要的辅助通道，也称竖井。

（16）管线分支口（junction for pipe or cable）。综合管廊内部管线和外部直埋管线相衔接的部位。

（17）集水坑（sump pit）。用来收集综合管廊内部渗漏水或管道排空水等的构筑物。

（18）安全标识（safety mark）。为便于综合管廊内部入廊管线分类管理、安全引导、警告警示等而设置的铭牌或颜色标识。

（19）主体结构（main structure）。构成综合管廊的钢筋混凝土承重结构体以及综合管廊承重结构相连成为整体的变电室和监控中心的构筑物等。

（20）附属构筑物（appurtenant structure）。用于人员出入、逃生、设备吊装、检查检修、进排风的井室结构，其对应的出口为人员出入口、逃生口、吊装口、检查口、进风口及排风口。

（21）舱室（compartment）。由结构本体或防火墙分割的用于敷设管线的封闭空间。

（22）吊装口（manhole）。设于舱室顶部用于各种管线或设备进出的孔口。

（23）通风口（air vent）。供综合管廊内外部空气交换而开设的孔口。

（24）逃生口（escape port）。供人员安全疏散，且直通室内外安全区域的出口。

（25）分段验收（section comprehensive acceptance）。根据综合管廊断面形式、防火分区、施工工艺等因素，将一定长度范围内的综合管廊划分为一个子单位工程，进行质量验收。

（26）综合管廊安全控制区（utility tunnel control reserves）。综合管廊建设红线边界两侧 15m 范围为综合管廊安全控制区。

（27）综合管廊保护区（utility tunnel reserves）。综合管廊建设红线边界两侧 3m 范围为综合管廊保护区。

（28）综合管廊环境调查工作（environmental survey of integrated management corridors）。综合管廊主体形成后，处于综合管廊安全控制区或保护区池范围有新建项目时，管廊建设单位或管理单位组织相关单位对已建管廊的建设质量现状进行统计与数据收集。

3.1.2　盾构隧道工程专业术语

（1）盾构（shield）。盾构掘进机的简称，是在钢壳体保护下完成隧道掘进、拼装作业，由主机和后配套组成的机电一体化设备。

（2）工作井（working shaft）。盾构组装、拆卸、调头、吊运管片和出渣土等使用的工作竖井，包括盾构始发工作井、盾构接收工作井等。

（3）盾构始发（shield launching）。盾构开始掘进的施工过程。

（4）盾构接收（shield arrival）。盾构到达接收位置的施工过程。

（5）盾构基座（shield cradle）。用于保持盾构始发、接收等姿态的支撑装置。

（6）负环管片（temporary segment）。为盾构始发掘进传递推力的临时管片。

（7）反力架（reaction frame）。为盾构始发掘进提供反力的支撑装置。

（8）管片（segment）。隧道预制衬砌环的基本单元，管片的类型有钢筋混凝土管片、纤维混凝土管片、钢管片、铸铁管片、复合管片等。

（9）开模（mould loosening）。打开管片模板的过程。

（10）出模（demoulding）。管片脱离模具的过程。

（11）防水密封条（sealing gasket）。用于管片接缝处的防水材料。

（12）壁后注浆（back-fillgrouting）。用浆液填充隧道衬砌环与地层之间空隙的施工工艺。

（13）铰接装置（articulation）。以液压千斤顶连接，可调节前后壳体姿态的装置。

（14）调头（u-turn 或 turn back）。盾构施工完成一段隧道后调转方向的过程。

（15）过站（station-crossing）。利用专用设备把盾构拖拉或顶推通过车站的过程。

（16）小半径曲线（curve in small radius）。地铁隧道平面曲线半径小于 300m、其他隧道小于 $40D$（D 为盾构外径）的曲线。

（17）大坡度（big gradient）。隧道坡度大于 3%。

（18）姿态（position and stance）。盾构的空间状态，通常采用横向偏差、竖向偏差、俯仰角、方位角、滚转角和切口里程等数据描述。

（19）椭圆度（ovality）。圆形隧道管片衬砌拼装成环后最大与最小直径的差值。

（20）错台（step）。成型隧道相邻管片接缝处的高差。

（21）围岩（surrounding rock）。基坑、隧道工程施工影响范围内的岩体、土体、地下水等工程地质和水文地质条件的统称。

（22）隧道埋深（depth）。隧道开挖工作面的顶部到自然地面的距离。

3.1.3 管片工程专业术语

（1）衬砌（lining）。为防止围岩变形或坍塌，沿隧道洞身周边用钢筋混凝土等材料修建的永久性支护结构。

（2）管片（segment）。盾构隧道衬砌环的基本单元，包括钢筋混凝土管片、钢管片、钢纤维混凝土管片等。

（3）预制混凝土衬砌管片（precast reinforced concrete segment）。以钢筋、混凝土为主要原材料，在工厂预先加工制成的衬砌管片。

（4）钢管片（steel segment）。以钢材为主要原材料，按钢构件设计制作的管片。

（5）开模（mould loosening）。打开管片模板的过程。

（6）出模（demoulding）。管片脱离模具的过程。

（7）蜂窝（voids）。混凝土局部不密实或松散，混凝土表面多砂少浆，呈蜂窝状空洞。

（8）麻面（hungry spots）。混凝土表面局部缺浆、粗糙或有大量小凹坑的现象。

（9）剥落（spalling）。混凝土表面脱落、粗集料外露的现象。严重时，成片状脱落，钢筋外露。

（10）掉角（edge failure）。构件角边处混凝土局部掉落，或出现不规整缺陷。

（11）裂缝（crack）。混凝土管片浇筑过程中，由于内外因素（配合比、天气等）的作用，凝固后出现裂缝的现象。

（12）粘皮（peeling）。混凝土表面的水泥砂浆层被模具粘去后留下来的粗糙表面。

（13）飞边（flash）。模塑过程中溢入模具和模线或脱模销等空隙处并留在混凝土管片上的水泥砂浆。

（14）夹渣（entrainment）。混凝土内夹有杂物的深度超过保护层厚度。

（15）孔洞（hole）。混凝土内孔穴深度或长度超过了保护层厚度。

（16）水平拼装检验（test of horizontal assembly）。将两环或三环管片沿铅锤方向叠加拼装，通过测量管片内径、外径、环与环、块与块之间的拼装缝隙，从而评价管片的尺寸精度和形位偏差。

（17）检漏试验（leak test）。管片检漏试验是指对于实际工程的管片进行的抗渗试验，检验管片抗地下水渗透能力。管片检漏试验在特制的水压抗渗试验台上进行，不同于抗渗试块试验。

（18）抗弯性能检验（anti-bending test）。对混凝土管片施加抗弯设计荷载，分析混凝土管片在抗弯荷载作用下的变形、管片表面裂缝的产生和变化，评价管片的抗弯性能。

（19）抗拔性能检测（anti-pulling test）。对混凝土管片中心吊装孔的预埋受力杆件进行拉拔试验，评价管片吊装孔的拉拔性能。

（20）检漏检验装置（leak testing device）。在检漏试验中，用于固定混凝土管片试件，并能在管片外弧面与试验架钢板之间形成密闭区间进行充水加压试验的试验台座。检漏检验装置由检验架钢板、刚性支座、横压件、紧固螺杆、橡胶密封垫等组成。

（21）管片拼装（segments installation）。管片运至盾尾后，在盾壳的保护下，由拼装机械和人工辅助对管片进行就位、用螺栓连接管片而形成衬砌环的作业过程。

（22）管片接缝密封条（gasket of segments joint）。粘贴于管片密封条沟槽，用于管片接缝防水的橡胶类、树脂类或复合材料类密封条带。

（23）管片密封条沟槽（gasket groove of segment）。钢筋混凝土管片环、纵面开设的，为使密封条正确就位、牢固固定、被压缩的体积得以储存而设置的沟槽。

（24）管片螺栓密封圈（sealing washer of segment-installing bolts）。为防止管片螺栓孔渗漏水而设置的橡胶、塑料及其改性物密封垫圈。

（25）壁后注浆（back-fill grouting）。为有效填充衬砌环与围岩之间的空隙而进行的注浆。将随同盾构的推进利用盾构机的同步注浆系统向管片和围岩的空隙内的注浆称为同步注浆，把盾构的一次推进结束后通过管片上的注浆孔向管片和围岩的空隙内的注浆称为即时注浆。

（26）管片一般缺陷（common defect of segment）。管片在运输和拼装过程中产生的非贯穿无害裂缝、缺棱、掉角等对衬砌环的受力性能和防水性能无决定性影响的缺陷。

（27）管片严重缺陷（serious defect of segment）。管片在运输和拼装过程中产生的宽度大于 0.2mm 的裂缝或贯穿裂缝等对衬砌环的受力性能和防水性能有决定性影响的缺陷。

3.1.4　其他专业术语

（1）通风（ventilation）。将隧道内有害气体排出洞外的一种换气行为。

（2）机械通风（mechanical ventilation）。当自然通风不能满足隧道通风要求时，采用机械通风辅助的通风方式。

（3）自然通风（natural ventilation）。利用隧道内自然风流实现隧道内空气与外界大气交换，以达到隧道通风目的的一种通风方式。

（4）施工通风（construction ventilation）。隧道施工中，为满足作业环境要求而进行的机械或自然通风。

（5）运营通风（permanent ventilation）。隧道运营中，在规范时间内，为使隧道内空气和温度符合标准而进行的通风。

（6）照明（tunnel lighting）。通过在隧道内设置灯具，达到安全所要求的环境亮度。

（7）隧道防水（tunnel waterproofing）。隧道防水是根据地下水的渗流路径层层设防，在不同位置进行不同的防水设计。

（8）隧道排水（tunnel drainage）。隧道排水是将隧道内及隧道围岩的渗漏水排出洞外。

3.2　宜采用综合管廊的情况

当遇到下列情况之一时，宜采用综合管廊：

（1）交通运输繁忙或地下管线较多的城市主干道以及配合轨道交通、地下道路、城市下综合体等建设工程地段。

（2）城市核心区、中央商务区、地下空间高强度成片集中开发区、重要广场、主要道路的交叉口、道路与铁路或河流的交叉处、过江隧道等。

（3）道路宽度难以满足直埋敷设多种管线的路段。

（4）重要的公共空间。

（5）不宜开挖路面的路段。

城市综合管廊工程建设可以做到"统一规则、统一建设、统一管理"，减少道路重复挖的频率，集约利用地下空间。但是由于综合管廊主体工程和配套工程建设的初期一次性投资较大，不可能在所有道路下均采用综合管廊方式进行管线敷设。结合《城市工程管线综合规划规范》（GB 50289—2016）的相关规定，在传统直埋管线因为反复开挖路面对道路交通影响大、地下空间存在多种利用形式、道路下方空间紧张、地上地下高强度开发、地下管线敷设标准要求较高的地段，以及对地下基础设施的高负荷利用的区域，适宜建设综合管廊。

3.3 综合管廊线形及交叉要求

3.3.1 线形要求

（1）综合管廊平面中心线宜与道路中心线平行，不宜从道路一侧转到另一侧。

（2）综合管廊线形应根据道路状况、地下埋设物状况及相关公共工程设计进行调整，曲线部分最小转弯半径应能满足管廊内各种管线的转弯半径要求。

3.3.2 综合管廊交叉避让应符合的要求

（1）当综合管廊沿铁路、公路敷设时应与铁路、公路线路平行。当综合管廊与铁路、公路交叉时宜采用垂直交叉方式布置；受条件限制，可倾斜交叉布置，其最小交叉角不宜小于 60°。

（2）当综合管廊与非重力流管道交叉时，宜选择非重力流管道避让；当综合管廊与重力流管道交叉时，应根据实际情况，经过经济技术比较后确定解决方案。

（3）当综合管廊沿河道敷设时应与河道平行，当综合管廊与河道交叉时应垂直交叉，且宜从河道下部穿越；综合管廊穿越河道时应选择在河床稳定河段，最小覆土深度应按不妨碍河道的整治和管廊安全的原则确定，并应符合以下要求：

1）在航道下面敷设，应在航道底设计高程 2.0m 以下。

2）在其他河道下面敷设，应在河底设计高程 1.0m 以下。

3）在灌溉渠道下面敷设，应在渠底设计高程 0.5m 以下。

3.3.3 其他要求

（1）综合管廊的管线分支口应满足管线预留数量、安装敷设作业空间的要求，相应的管线工作井的土建工程宜同步实施。

（2）综合管廊同其他方式敷设的管线连接处，应做好防水和防止差异沉降的措施。

（3）综合管廊的纵向斜坡超过 10% 时，应在人员通道部位设防滑地坪或台阶。

3.4 综合管廊的断面和容纳的管线

3.4.1 综合管廊的断面

综合管廊断面形式应根据纳入管线的种类及规模、建设方式、预留空间等确定。综合管廊断面应满足管线安装、检修、维护作业所需要的空间要求。综合管廊内的管线布置应根据纳入管线的种类、规模及周边用地功能确定。

综合管廊的断面形式应根据容纳的管线种类和数量、管线尺寸、管线的相互关系以及施工方式综合确定。采用明挖现浇施工时宜采用矩形断面，采用明挖预制装配施工时宜采用矩形断面或圆形断面，采用非开挖技术时宜采用圆形断面或马蹄形断面。综合管廊分舱状况应考虑纳入管线之间的相互影响。

3.4.2　综合管廊的净高净宽

综合管廊标准断面内部净高应根据容纳的管线种类、数量等因素综合确定，不宜小于2.4m。

《城市电力电缆线路设计技术规定》（DL/T 5221—2016）规定："电缆隧道的净高不宜小于1900mm，与其他沟道交叉的局部段净高，不得小于1400mm或改为排管连接。"《电力工程电缆设计标准》（GB 50217—2018）规定："隧道、工作井的净高不宜小于1900mm，与其他沟道交叉的局部段净高不得小于1400mm；电缆夹层的净高，不得小于2000mm。"

考虑到综合管廊内容纳的管线种类数量较多及各类管线的安装运行要求，同时为长远发展预留空间，结合国内工程实践经验，《城市综合管廊工程技术规范》（GB 50838—2015）将综合管廊内部净高最小尺寸要求提高至2.4m。

3.4.3　综合管廊的净宽

综合管廊标准断面内部净宽应根据容纳的管线种类、数量、管线运输、安装、维护、检修等要求综合确定。

干线综合管廊、支线综合管廊内两侧设置支架或管道时，检修通道净宽不宜小于1.0m；当单侧设置支架和管道时，检修通道净宽不宜小于0.9m。

综合管廊内通道的净宽应满足综合管廊内管道、配件、设备运输净宽的要求。同时综合《城市电力电缆线路设计技术规定》（DL/T 5221—2016）、《电力工程电缆设计规范》（GB 50217—2018）的规定，确定检修通道的最小净宽。

配备检修车的综合管廊检修通道宽度不宜小于2.2m。对于容纳输送性管道的综合管廊，宜在输送性管道舱设置主检修通道，用于管道的安装和检修维护，为便于管道运输和检修，并尽量避免综合管廊内空气污染，主检修通道配置电动牵引车，参考国内小型牵引车规格型号，综合管廊内适用的电动牵引车尺寸按宽1.4m定制，两侧各预留0.4m安全距离，确定主检修通道最小宽度为2.2m。综合管廊标准断面示意图如图3-1所示。

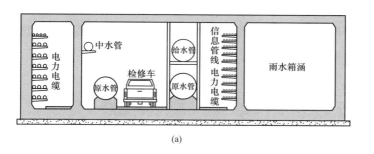 

图 3-1 综合管廊标准断面示意图

（a）干线综合管廊断面示意图；（b）支线综合管廊断面示意图

3.4.4 综合管廊容纳的管线

（1）综合管廊容纳的管线的基本要求如下：

1）信息电（光）缆、电力电缆、给水管道、热力管道等市政公用管线宜纳入综合管廊内。地势平坦建设场地的重力流管道不宜纳入综合管廊。

2）综合管廊内相互无干扰的工程管线可设置在管廊的同一个舱，相互有干扰的工程管线应分别设在管廊的不同空间。

（2）综合管廊容纳的管线的具体要求如下：

1）天然气管道应在独立舱室内敷设。

2）热力管道采用蒸汽介质时应在独立舱室内敷设。

3）热力管道不应与电力电缆同舱敷设。

4）110kV 及以上电力电缆，不应与通信电缆同侧布置。

5）给水管道与热力管道同侧布置时，给水管道宜布置在热力管道下方。

6）给水管道与排水管道可在综合管廊同侧布置，排水管道应布置在综合管廊的底部。

7）进入综合管廊的排水管道应采用分流制，雨水纳入综合管廊可利用结构本体或采用管道方式。

8）污水纳入综合管廊应采用管道排水方式，污水管道宜设置在综合管廊的底部。

9）燃气管道和其他输送易燃或有害介质管道纳入管廊尚应符合相应的专项技术要求。

3.5 综合管廊的节点

3.5.1 节点分类

综合管廊的节点是指综合管廊的每个舱室应设置人员出入口、逃生口、吊装口、进风口、排风口、管线分支口等。

（1）综合管廊的人员出入口、逃生口、吊装口、进风口、排风口等露出地面的构筑物应满足城市防洪要求，并应采取防止地面水倒灌及小动物进入的措施。

综合管廊的吊装口、进排风口、人员出入口等节点设置是综合管廊必需的功能性要求。这些口都由于需要露出地面，往往会形成地面水倒灌的通道，为了保证综合管廊的安全运行，应当采取技术措施确保在道路积水期间地面水不会倒灌进管廊。

（2）综合管廊人员出入口宜与逃生口、吊装口、进风口结合设置，且不应少于两个。

综合管廊人员出入口宜与吊装口进行功能整合，设置爬梯，便于维护人员进出。

3.5.2 综合管廊逃生口设置要求

综合管廊逃生口的设置应符合下列规定：

（1）敷设电力电缆的舱室，逃生口间距不宜大于 200m。

（2）敷设天然气管道的舱室，逃生口间距不宜大于 200m。

（3）敷设热力管道的舱室，逃生口间距不应大于 400m，当热力管道采用蒸汽介质时，逃生口间距不应大于 100m。

（4）敷设其他管道的舱室，逃生口间距不宜大于 400m。

（5）逃生口尺寸不应小于 1m×1m，当为圆形时，内径不应小于 1m。逃生口尺寸应考虑消防人员救援进出的需要。

3.5.3 综合管廊吊装口设置要求

综合管廊吊装口的最大间距不宜超过 400m。吊装口净尺寸应满足管线、设备、人员进出的最小允许限界要求。

由于综合管廊内空间较小，管道运输距离不宜过大，根据各类管线安装敷设运输要求，综合确定吊装口间距不宜大于 400m。吊装口的尺寸应根据各类管道（管节）及设备尺寸确定，一般刚性管道按照 6m 长度考虑，电力电缆需考虑其入廊时的转弯半径要求，有检修车进出的吊装口尺寸应结合检修车的尺寸确定。

3.5.4 综合管廊排风口、进风口设置要求

综合管廊排风口、进风口的净尺寸应满足通风设备进出的最小尺寸要求。

天然气管道舱室的排风口与其他舱室排风口、进风口、人员出入口以及周边建（构）筑物口距离都不应小于 10m。天然气管道舱室的各类孔口不得与其他舱室连通，并应设置明显的安全警示标识。

《共同沟设计指针》自然通风口中："燃气隧洞的通风口应该是与其他隧洞的通风口分离的结构"。强制通风口中："燃气隧洞的通风口应该与其他隧洞的通风口分开设置。"为了避免天然气管道舱内正常排风和事故排风中的天然气气体进入其他舱室，并可能聚集引起的危险，作出水平间距10m规定。

为避免天然气泄漏后，进入其他舱室，天然气舱的各口部及集水坑等应与其他舱室的口部及集水坑分隔设置，并在适当位置设置明显的标示提醒相关人员注意。

3.6 盾构综合管廊

3.6.1 盾构综合管廊的断面形状

盾构综合管廊的断面形状除应满足管线敷设的要求外，还应根据受力分析、施工难度、经济性等因素确定，宜优先采用圆形断面。

盾构综合管廊的断面形状有圆形、矩形、椭圆形、双圆塔接型等多种形式。对于盾构综合管廊，矩形断面的空间利用率最高，与圆形断面相比可节约30%左右的空间。但与其他断面相比，圆形断面结构稳定、受力好，盾构机造价低、容易操作，管片的制作和拼装简单、方便，而且目前国内绝大多数为圆形断面，积累了丰富的经验，因此，选取断面时宜优先选取圆形断面。如果条件成熟，也可采用其他断面。

3.6.2 盾构综合管廊的覆土

盾构综合管廊的覆土厚度不宜小于管廊外径，局部地段无法满足时应采取必要的措施。垂直土压力大小宜根据管廊的覆土厚度、断面形状、外径和围岩条件等来确定。

盾构综合管廊的埋深应根据地面环境、地下设施、地质条件、开挖面大小、盾构特性等来确定。日本规范中提出盾构法隧道顶部的覆土厚度一般为 $1 \sim 1.5D$（D 为隧道外径），在工程实践中，有覆土厚度小于 D 的成功实例；也有埋深较大时仍发生地面沉陷等事故的情况。对于盾构综合管廊，由于其断面小，而且城市地表多为填土层的土质一般较差，覆土厚度不宜小于管廊外径，局部地段无法满足时应采取必要的措施。

3.6.3 平行设置的管廊间净距离

盾构法施工的平行综合管廊间的净距离应根据地质条件、盾构类型、埋设深度等因素确定，且不宜小于管廊外径，无法满足时应做专项设计并采取相应的措施。

平行设置的管廊是指在一定区间的平面上或立面上设置相互平行的管廊，且距离较近时，会在横断面方向或纵断面方向发生与单个管廊所不同的位移及应力，严重时会影响到管廊衬砌的安全性。因此必须对由于多条管廊相互干扰而产生的地基松弛或施工荷载的影响进行分析论证，根据需要进行衬砌加固、地基改良或采用辅助施工措施控制变形等。

3.6.4　地基抗力

地基抗力的作用范围、分布形状和大小应根据结构形式、变形特性、计算方法等因素确定。

盾构综合管廊的地基抗力的考虑有两种方法：一种方法是认为地基抗力与地层位移无关，是与作用荷载相平衡的反作用力，一般预先进行假设；另一种方法则认为地基抗力从属于地基的位移，认为地基抗力是由于衬砌向围岩方向移位而发生的反力。

3.6.5　盾构综合管廊的衬砌结构

盾构综合管廊的衬砌结构计算应符合下列基本原则：
（1）管廊的结构计算应对应于施工过程和运行状态下不同阶段的荷载进行。
（2）管片环的计算尺寸应取管廊断面的形心尺寸。

3.6.6　盾构综合管廊的竖井结构

盾构综合管廊的竖井结构设计应根据工程地质和水文地质条件及城市规划要求，结合同围地面既有建筑物及管线状况，通过对技术、经济、环保等的综合对比，合理选择施工方法和结构形式。

3.7　综合管廊的通风方式

综合管廊的通风应以自然通风为主，机械通风为辅。宜采用自然进风和机械排风相结合的通风方式。天然气管道舱和含有污水管道的舱室应采用机械进、排风的通风方式。自然通风方式要求通风区域较短，且进、排风口高差应保护足够余压使管廊内空气产生有效流动。但是天然气管道舱和含有污水管道的舱室，由于存在可燃气体泄漏的可能，需要及时快速将气体排出，因此采用强制通风方式。

综合管廊的通风量应根据通风区间、截面尺寸进行计算确定，并符合相关规范标准要求。

综合管廊舱室发生火灾时，发生火灾的防火分区及相邻分区的通风设备应能够自动关闭，且应设置事故后机械排烟设施。

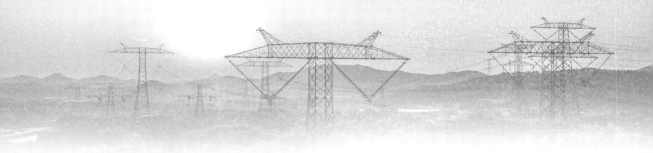

第 4 章

特高压综合管廊隧道工程质量验收基本规定

4.1 特高压综合管廊隧道工程质量验收的依据

本章以苏通 GIL 综合管廊隧道工程为对象，重点介绍其施工质量检测与验收，主要依据为《盾构法隧道施工及验收规范》（GB 50446—2017）、《城市综合管廊工程技术规范》（GB 50838—2015）。前者是盾构隧道工程施工质量验收的标准尺度，是设计、施工、监理、监督等部门进行质量检查与认定的依据。

按照上述标准进行质量验收时，同时还应根据设计文件和综合管廊的相关技术标准或规范的有关规定为依据。设计文件中对隧道各部分结构尺寸、材料强度的要求是质量验收的基本依据；隧道施工过程的工艺要求，施工阶段材料强度、结构内力和变形控制以相关规定为依据。

4.2 特高压综合管廊隧道工程质量验收的一般规定

1. 施工现场质量管理体系

特高压综合管廊隧道工程施工现场质量管理应有相应的施工技术标准、健全的质量管理体系和施工质量检验制度。施工单位应在全面质量管理基础上，制定和完善岗位质量标准、质量责任及考核办法，加强施工过程中的现场标准化管理和过程控制管理。施工现场质量管理检查记录应由施工单位在施工前填写，如表 4-1 所示，总监理工程师进行检查，并做出检查结论。

2. 施工质量控制要求

特高压综合管廊隧道工程应按下列规定进行施工质量控制：

（1）工程采用的主要材料、构配件和设备，施工单位和监理单位应按《盾构法隧道施工及验收规范》（GB 50446—2017）的规定进行检验，不合格的不能用于工程施工。

（2）各工序应按施工技术标准进行质量控制，每道工序完成后，施工单位应进行检查，并形成记录。

表 4-1 施工现场质量管理检查记录

单位工程名称		开工日期		
建设单位		项目负责人		
设计单位		项目负责人		
监理单位		总监理工程师		
施工单位		项目负责人	项目技术负责人	
序 号	项 目		检查情况	
1	开工报告			
2	现场质量管理制度			
3	质量责任制			
4	工程质量检验制度			
5	施工技术标准			
6	施工图现场核对情况			
7	设计文件			
8	交接桩及施工复测资料			
9	施工组织设计及审批手续			
10	环境保护方案及审批手续			
11	安全专项方案及审批手续			
12	监控量测试细则及审批手续			
13	超前地质预报实施细则及审批手续			
14	主要专业工种操作上岗证书			
15	管理层、技术层、作业层人员质量责任登记表			
16	施工检测设备及计量器具设置			
17	材料、设备管理制度			
18	教育培训制度和考核上岗制度			
19	现场标准化作业管理制度和实施细则			

检查结论：

总监理工程师：

年　　月　　日

（3）工序之间应进行交接检验，上道工序应满足下道工序的施工条件和技术要求；相关专业工序之间的交接检验应经监理工程师检查认可。未经检查或经检查不合格的，不得进行下道工序施工。

3. 施工质量验收要求

特高压综合管廊隧道工程施工质量应按下列规定进行验收：

（1）工程施工质量应符合《盾构法隧道施工及验收规范》（GB 50446—2017）和相关专业验收标准的规定。

（2）工程施工质量应符合工程勘察、设计文件的要求。

（3）参加工程施工质量验收的各方人员应具备规定的资格；各种检查记录签证人员应报建设单位确认、备案。

（4）工程施工质量的检查和验收均应在施工单位自行检查和验收评定合格的基础上进行。

（5）检验批的质量应按主控项目和一般项目进行验收，并对作业人员进行核查确认。

（6）对涉及结构安全和使用功能的分部工程应进行抽样检验。

（7）单位工程的综合质量应由验收人员通过检查共同确认。

4.3 特高压综合管廊隧道工程质量验收单元划分

特高压综合管廊工程施工质量验收应划分为单位（子单位）工程，分部（子分部）工程、分项工程和检验批；特高压综合管廊工程的单位（子单位）、分部（子分部）、分项工程和检验批划分按《盾构法隧道施工及验收规范》执行。

单位工程应按一个完整工程或一个相当规模的施工范围划分，并按下列原则确定：一座隧道宜作为一个单位工程，长隧道和特长隧道可按施工标段划分为若干个单位工程。斜井、平行导坑、竖井或独立明洞（或棚洞）可作为一个单位工程。

分部工程应按一个完整部位或主要结构及施工阶段划分。

分项工程应按工种、工序、材料、施工工艺等划分。

检验批应根据质量控制和施工段需要划分，检验批是工程项目验收的基础，验收分为主控项目和一般项目。主控项目指对结构安全和使用功能起决定性作用的检验项目；一般项目指除主控项目以外的检验项目，通常为现场实测实量的检验项目，又称为允许偏差项目。

检验批可按下列要求进行划分：

开挖工程、基坑（槽）回填工程及管线工程按不超过 200m 划分为 1 个检验批；结构工程及防水工程等按变形缝划分检验批；附属工程按系统划分检验批；检验批抽检点数应考虑管廊顶面、侧面、底面均衡抽样。

特高压电力综合管廊盾构隧道工程验收手册

特高压综合管廊管理用房和室外工程宜按照《建筑工程施工质量验收统一标准》（GB 50300—2013）的有关规定划分分部及分项工程。施工前，应由施工单位制定分项工程和检验批的划分方案，并由监理单位审核。

特高压综合管廊验收单元划分如表 4-2 所示。

表 4-2　　　　　　　　　　　　综合管廊验收单元划分

子单位工程	分部工程	子分部工程	分项工程	检验批
土建工程及机电设备安装工程 01	地基与基础 01	地下水控制 01	降水与排水，回灌	每施工段
		地基 02	灰土地基，砂和砂石地基，土工合成材料地基，强夯地基，砂石桩复合地基，高压旋喷射注浆地基，土和灰土挤密桩复合地基，注浆地基，水泥粉煤灰碎石桩地基，夯实水泥土桩复合地基，水泥土搅拌桩地基，施工测量	按施工段或变形缝位置划分检验批
		基础 03	混凝土垫层，无筋扩展基础，钢筋混凝土扩展基础，泥浆护壁成孔灌注桩基础，长螺旋钻孔压灌注桩基础，沉管灌注桩基础，岩石锚杆基础，沉井与沉箱基础，锚杆静压桩基础，钢筋混凝土预制桩基础，混凝土灌注桩，模板，钢筋，混凝土，混凝土结构缝处理	按施工段或变形缝位置划分检验批
		基坑支护 04	灌注桩排桩围护墙，板桩围护墙，咬合桩围护墙，型钢水泥土搅拌墙，土钉墙，地下连续墙、水泥土重力式挡墙，内支撑，锚杆（索），与主体结构相结合的基坑支护，水泥土桩，钢及混凝土支撑，格构柱，施工测量，监控量测	按施工段或变形缝位置划分检验批
		土石方 05	施工测量，土方开挖，土石方回填，场地平整	按流水施工长度（层）
		工作井（竖井）06	基坑围护（地下连续墙、钻孔灌注桩、钢管/型钢支撑等），锁口圈梁，降排水，土方开挖，衬砌（模板及支架、钢筋、混凝土），投点测量，监控量测及信息反馈	每座井
		滑板后背 07	降排水，基坑围护，土方开挖，现浇（预制）滑板，后背制作，后背安装，施工测量，监控量测及信息反馈	每座井

子单位工程	分部工程	子分部工程	分项工程	检验批
土建工程及机电设备安装工程01	主体结构02	现浇混凝土结构01	钢筋，模板，混凝土，现浇结构	按施工段和变形缝位置划分检验批
		装配式结构02	构件进场验收，构件装配，钢筋，模板，混凝土	按施工段和变形缝位置划分检验批
		盖挖法结构03	钢管柱加工制作，钢管柱的就位与对中，钢管柱与桩基的连接，梁板柱的节点，盖板加工制作，盖板验收，盖板吊装，逆作法土模基面平整与压实，土模制作，混凝土结构模板与支架，钢筋，混凝土，监控量测及信息反馈	按变形缝位置划分检验批
		浅埋暗挖法结构04	超前小导管，管棚，地层加固注浆，身开挖，格栅钢架及型钢钢架，钢筋网，锁脚锚杆，喷射混凝土，二次衬砌，背后回填注浆，监控量测及信息反馈	开挖：每20m。衬砌：每仓
		矿山法结构05	超前小导管，管棚支护，洞口工程，洞身开挖，初期支护，二次衬砌，背后回填注浆	开挖：每20m。衬砌：每仓
		盾构法结构06	管片进场验收，管片拼装，成型隧道，施工测量，监控量测及信息反馈	掘进：每10环
		TBM法结构07	初期支护，二次衬砌，管片/仰拱预制块安装，豆砾石填充，灌浆	开挖及支护：每20m/每10环。衬砌：每仓管片/仰拱。预制块：每10环
		预制顶推法结构08	管廊（箱涵）预制，管廊（箱涵）顶推，施工测量，监控量测及信息反馈	每一施工段
		砌体结构09	砖砌体，混凝土小型空心砌块砌体，填充墙砌体	按材料类型及强度等级或施工段划分检验批
	附属构筑物03	各类井室结构01	检查井，人员出入口，逃生口，吊装口，进风口及排风口的井室结构及盖板	同一结构类型构筑物小于10个

子单位工程	分部工程	子分部工程	分项工程	检验批
土建工程及机电设备安装工程01	防水工程04	—	结构自防水，水泥砂浆防水层，卷材防水层，涂料防水层，塑料板防水层，细部构造防水，注浆防水，防水基层，防水保护层	按施工段和变形缝位置划分检验批
	装饰装修05	地面01	基层铺设，整体面层铺设，板块面层铺设	按施工段划分检验批
		抹灰02	一般抹灰，装饰抹灰	按材料、工艺和施工条件或施工段划分检验批
		门窗03	金属门窗安装，特种门安装，门窗玻璃安装	按门窗品种、类型和规格或施工段划分检验批
		吊顶04	整体面层吊顶，板块面层吊顶，格栅吊顶	按吊顶材料品种或施工段划分检验批
		轻质隔墙05	板材隔墙，骨架隔墙，活动隔墙，玻璃隔墙	按隔墙品种或施工段划分检验批
		饰面板（砖）06	饰面砖粘贴，饰面板安装	按材料、工艺和施工条件或施工段划分检验批
		涂饰07	水性涂料涂饰，溶剂型涂料涂饰	每部楼梯应划分为一个检验批
		细部08	护栏、扶手制作与安装	按材料、工艺和施工条件或施工段划分检验批
		防火门09	防火门安装，防火封堵制作与安装	按防火门品种、类型和规格或施工段划分检验批
	支吊架系统06	—	支架及吊架制作，支架及吊架安装	安装按照施工段（≤200m）；系统调试按每个系统
	通风系统07	—	风管及配件制作，风管及阀部件安装，风管与设备防腐保温，风机安装，单机及系统调试	安装按照施工段（≤200m）；系统调试按每个系统

子单位工程	分部工程	子分部工程	分项工程	检验批
土建工程及机电设备安装工程01	供电系统08	变电站安装工程01	箱式变电站、变压器、高低压柜安装，试验	安装按照施工段（≤200m）；系统调试按每个系统
		电气动力02	成套配电柜、控制柜（屏、台）和动力配电箱安装，低压电动机、电动执行机构检查、接线，低压电气动力设备检测、试验和空载试运行，支架、槽盒安装，导管敷设，电缆敷设，管内穿线和槽盒内敷线，电缆头制作，导线连接和线路电气试验，插座开关安装	安装按照施工段（≤200m）；系统调试按每个系统
		接地系统03	接地装置安装，接地干线敷设，构筑物等电位连接	安装按照施工段（≤200m）；系统调试按每个系统
	照明系统09	正常照明01	照明配电箱安装，电线、电缆导管和线槽敷设，电线、电缆导管和线槽敷线，导线连接及线路电气试验，普通灯具安装，照明通电试运行	安装按照施工段（≤200m）；系统调试按每个系统
		应急疏散指示02	设备主机安装，终端设备安装，槽道安装及电缆敷设，单体测试，系统调试	安装按照施工段（≤200m）；系统调试按每个系统
	给排水系统10	给水系统01	给水管道及配件安装，管道防腐及保温	安装按照施工段（≤200m）；系统调试按每个系统
		排水系统02	排水管道及配件安装，排水设备安装	安装按照施工段（≤200m）；系统调试按每个系统

续表

子单位工程	分部工程	子分部工程	分项工程	检验批
土建工程及机电设备安装工程01	消防系统11	超细干粉灭火系统01	终端设备安装，单体测试	安装按照施工段（≤200m）；系统调试按每个系统
		细水雾系统02	终端设备安装，单体测试	安装按照施工段（≤200m）；系统调试按每个系统
		水喷雾系统03	终端设备安装，单体测试	安装按照施工段（≤200m）；系统调试按每个系统
	标识系统12	—	标识制作，标识安装	安装按照施工段（≤200m）；系统调试按每个系统
	设备系统节能13	通风节能01	通风设备节能	安装按照施工段（≤200m）；系统调试按每个系统
		电气动力节能02	配电节能，照明节能	安装按照施工段（≤200m）；系统调试按每个系统
		监控节能03	监控系统节能，控制系统节能	安装按照施工段（≤200m）；系统调试按每个系统
监控报警及智慧管理系统02	环境与设备监控系统01	—	机柜安装，传感器安装，支架安装，槽道安装、电缆敷设，单体测试，系统调试	安装按照施工段（≤200m）；系统调试按每个系统

续表

子单位工程	分部工程	子分部工程	分项工程	检验批
监控报警及智慧管理系统 02	电力监控系统 02	—	硬件安装，软件安装，槽道安装、电缆敷设，系统调试	安装按照施工段（≤200m）；系统调试按每个系统
	安全防范系统 03	入侵报警系统 01	设备安装，槽道安装、电缆敷设，单体测试	安装按照施工段（≤200m）；系统调试按每个系统
		视频监控系统 02	设备安装，槽道安装、电缆敷设，单体测试	安装按照施工段（≤200m）；系统调试按每个系统
		出入口控制系统 03	设备安装，槽道安装、电缆敷设，单体测试	安装按照施工段（≤200m）；系统调试按每个系统
		电子巡查系统 04	设备安装，槽道安装、电缆敷设，单体测试	安装按照施工段（≤200m）；系统调试按每个系统
		电子井盖系统 05	设备安装，槽道安装、电缆敷设，单体测试	安装按照施工段（≤200m）；系统调试按每个系统
		人员定位系统 06	设备安装，槽道安装、电缆敷设，单体测试	安装按照施工段（≤200m）；系统调试按每个系统
	通信系统 04	固定语音通信系统 01	设备安装，槽道安装、电缆敷设，单体测试	安装按照施工段（≤200m）；系统调试按每个系统

子单位工程	分部工程	子分部工程	分项工程	检验批
监控报警及智慧管理系统02	通信系统04	广播系统02	设备安装,槽道安装、电缆敷设,单体测试	安装按照施工段(≤200m);系统调试按每个系统
		网络系统03	设备安装,槽道安装、电缆敷设,单体测试	安装按照施工段(≤200m);系统调试按每个系统
	火灾报警系统05	火灾报警系统01	机柜安装,探测器安装,槽道安装、电缆敷设,单体测试,系统调试	安装按照施工段(≤200m);系统调试按每个系统
		防火门监控系统02	设备主机安装,终端设备安装,槽道安装,电缆铺设,单体测试,系统调试	安装按照施工段(≤200m);系统调试按每个系统
		光纤感温测控系统03	设备主机安装,感温线缆敷设,单体测试,系统调试	安装按照施工段(≤200m);系统调试按每个系统
		可燃其他报警系统04	机柜安装,探测器安装,槽道安装,电缆敷设,单体测试,系统调试	安装按照施工段(≤200m);系统调试按每个系统
	管慧管理系统06	—	硬件安装,槽道安装,电缆敷设,巡检机器人,单机调试,系统调试	安装按照施工段(≤200m);系统调试按每个系统

4.4 特高压综合管廊隧道工程质量验收的内容

1. 检验批的质量验收

检验批的质量验收应包括下列内容:

（1）实物检查。对于原材料、构配件和设备等的检验，按进场的批次和《盾构法隧道施工及验收规范》（GB 50446—2017）规定的抽样检验方案执行；对于工序质量的检验，应按《盾构法隧道施工及验收规范》（GB 50446—2017）规定的抽样检验方案执行。特高压综合管廊工程采用的主要材料、半成品、成品、建筑构配件、器具和设备应按规定进场检验；不同工序、工种之间应进行自检、互检和交接检，合格后方可进行后序施工。

（2）资料检查。原材料、构配件和设备等的质量证明文件（质量合格证、规格、型号及检测报告等）和抽样检验报告，工序的施工记录、自检和交接检验记录、平行检验报告、见证检验报告等。

（3）质量责任确认。对施工作业人员质量责任登记进行确认。

2．检验批合格质量

检验批合格质量应符合下列规定：

（1）主控项目的质量经抽样检验全部合格。

（2）一般项目的质量经抽样检验全部合格；其中，有允许偏差的抽样点，除有专门要求外，80%及以上的抽查点应控制在规定允许偏差范围内，大偏差不得大于规定允许偏差的 1.5 倍。

（3）具有完整的施工操作依据、质量检查记录。

（4）施工作业人员质量责任登记情况真实、全面。

3．分项工程质量验收合格的要求

分项工程质量验收合格应符合下列规定：

（1）所含的检验批均符合合格质量规定。

（2）所含的检验批的质量验收记录完整。

4．分部工程质量验收合格的要求

分部工程质量验收合格应符合下列规定：

（1）含分项工程的质量均验收合格。

（2）质量控制资料完整。

（3）隧道衬砌内轮廓、衬砌厚度和强度、衬砌背后回填及防水等涉及结构安全和使用功能的检验和抽样检测结果，符合设计要求及有关标准规定。

5．检验批工程质量不符合要求时应进行的措施

当检验批工程质量不符合要求时，应按下列规定进行处理：

（1）经返工重做或更换构配件、设备的检验批，应重新进行验收。

（2）当对试块试件的试验结果有怀疑时，或因试块试件丢失损坏、试验资料缺失等

无法判断实体质量时，应由有资质的法定检测单位对实体质量进行检测鉴定，凡达到设计要求的检验批可予以验收。

6. 其他要求

通过返修或加固仍不能满足结构安全和使用功能要求的分部工程、单位工程，严禁验收。

4.5 特高压综合管廊隧道工程质量验收的程序和组织

特高压综合管廊工程完工后，应组织验收。

特高压综合管廊施工质量验收应在施工单位自检合格的基础上，按检验批、分项工程、分部（子分部）工程、单位（子单位）工程的顺序进行。

工程施工应符合工程勘察、设计文件的要求。参加的工程施工验收的各方人员应具备相应资格。隐蔽工程在隐蔽前应由施工单位通知监理单位进行验收，并形成隐蔽验收记录。涉及结构安全和使用工程的试块、试件和现场检测项目，应按规定进行平行检测或见证取样检测。验收合格后方可继续施工，勘察、设计单位必须参加地基验槽隐蔽工程验收。

检验批应由施工单位自检合格后报监理单位，由专业监理工程师组织施工单位专职质量检查员、专业工长等进行验收。施工单位应对全部主控项目和一般项目进行检查。监理单位应对全部主控项目进行检查，对一般项目的检查内容和数量可根据具体情况确定。

检验批验收时，应进行现场检查并填写现场验收检查原始记录。现场验收检查原始记录的格式按相应规范要求格式填写，可由施工、监理等单位确定，包括检查项目、检查位置、检查结果等内容。该原始记录应由专业监理工程师和施工单位专业质量检查员、专业工长共同签署，并在单位工程竣工验收前存档备查，保证该记录的可追溯性，完成检验批的验收。

检验批质量验收记录应按表 4-3 填写。对于主控项目，施工单位检查评定记录及监理单位验收记录的内容应填写详细具体；对于一般项目可填写概括性结论。

分项工程应由专业监理工程师组织施工单位分项工程技术负责人等进行验收，并按表 4-4 填写记录。涉及环保等分项工程的降水、地表注浆加固、洞内注浆、弃渣场防护验收时，勘察设计单位现场负责人应参加。

分部工程应由监理工程师组织施工单位项目负责人和技术、质量负责人等进行验收，并按表 4-5 填写记录。隧道衬砌、防水工程进行验收时，勘察设计单位项目负责人应参加。对涉及结构安全和使用功能的分部工程应进行试验或检测。工程的外观质量应由质量验收人员通过现场检查共同确认。

单位工程完工后，施工单位应该自评。总监理工程师组织对工程质量进行预验收，对存在问题整改后向建设单位提交工程竣工报告，申请工程竣工验收。建设单位收到单位工程竣工报告后，组织监理、施工、设计、勘察等单位项目负责人进行单位工程验收，并按表4-6～表4-8填写记录。

表4-3　　　　　　　　　　　　　　检验批质量验收记录

_____检验批质量验收记录			资料编号		
单位（子单位）工程名称		分部（子分部）工程名称		分项工程名称	
施工单位		项目负责人		检验批容量	
分包单位		分包工程项目负责人		检验批部位	
施工依据			验收依据		
验收项目		设计要求及规范规定	最小/实际抽样数	检查记录	检查结果
主控项目	1				
	2				
	3				
	4				
一般项目	1				
	2				
	3				
	4				
施工单位检查结果	专业工长： 项目专业质量检察员： 　　　　　　　　　　　　　年　月　日				
监理单位验收结论	专业监理工程师： 　　　　　　　　　　　　　年　月　日				

表4-4　　　　　　　　　　　　　　分项工程质量验收记录

_____分项工程质量验收记录			资料编号		
单位（子单位）工程名称		分部（子分部）工程名称			
分项工程工程量		检验批容量			
施工单位		项目负责人		项目技术负责人	
分包单位		分包工程项目负责人		分包内容	
序号	检验批名称	检验批容量	部位/区段	施工单位检查结果	监理单位验收结论

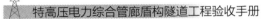

续表

序号	检验批名称	检验批容量	部位/区段	施工单位检查结果	监理单位验收结论

说明:

施工单位检查结果	项目专业技术负责人: 年　月　日
监理单位验收结论	专业监理工程师: 年　月　日

表 4-5　　　　　　　　　分部(子分部)工程质量验收记录

_____分部(子分部)工程质量验收记录		资料编号	
单位(子单位) 工程名称		子分部工程名称		分项工程数量	
施工单位		项目负责人		技术负责人	
分包单位		分包工程项目负责人		分包内容	

序号	子分部工程名称	分项工程名称	检验批数量	施工单位检查结果	监理单位验收结论

质量控制资料:

安全和功能检验结果:

观感质量:

综合验收结论:

施工单位 项目负责人: 年 月 日	勘察单位 项目负责人: 年 月 日	设计单位 项目负责人: 年 月 日	监理单位 项目负责人: 年 月 日

表4-6 单位工程质量竣工验收记录

单位工程质量竣工验收记录			资料编号	
工程名称		结构类型	工程规模	
施工单位		技术负责人	开工日期	
项目负责人		项目技术负责人	竣工日期	
序号	项 目	验收记录	验收结论	
1	分部工程	共 分部，经查复合设计及标准规定 分部		
2	质量控制资料核查	共 项，经核查符合规定 项		
3	安全和主要使用功能核查及抽查结果	共核查 项，符合规定 项，共抽查 项，符合规定 项，经返工处理符合规定 项		
4	观感质量验收	共抽查 项，达到"好"和"一般"的 项，经返修处理符合要求的 项		
5	综合验收结论			

参加验收单位	建设单位（公章）	监理单位（公章）	施工单位（公章）	设计单位（公章）	勘察单位（公章）
	项目负责人： 　年　月　日	总监理工程师： 　年　月　日	项目负责人： 　年　月　日	项目负责人： 　年　月　日	项目负责人： 　年　月　日

表4-7 土建工程及机电设备安装子单位工程质量竣工验收记录

土建工程及机电设备安装子单位工程质量竣工验收记录			资料编号	
工程名称		结构类型	工程规模	
施工单位		技术负责人	开工日期	
项目负责人		项目技术负责人	竣工日期	
序号	项 目	验收记录	验收结论	
1	分部工程	共 分部，经查复合设计及标准规定 分部		
2	质量控制资料核查	共 项，经核查符合规定 项		
3	安全和主要使用功能核查及抽查结果	共核查 项，符合规定 项；共抽查 项；符合规定 项；经返工处理符合规定 项		

序号	项 目	验收记录	验收结论	
4	观感质量验收	共抽查　项，达到"好"和"一般"的　项，经返修处理符合要求的　项		
5	综合验收结论			
参加验收单位	建设单位（公章）	监理单位（公章）	施工单位（公章）	设计单位（公章）	勘察单位（公章）
	项目负责人： 年 月 日	总监理工程师： 年 月 日	项目负责人： 年 月 日	项目负责人： 年 月 日	项目负责人： 年 月 日

表 4-8　　　　监控报警及智慧管理系统子单位工程质量竣工验收记录

监控报警及智慧管理系统子单位工程质量竣工验收记录			资料编号		
工程名称		结构类型		工程规模	
施工单位		技术负责人		开工日期	
项目负责人		项目技术负责人		竣工日期	
序号	项 目	验收记录		验收结论	
1	分部工程	共　分部，经查复合设计及标准规定　分部			
2	质量控制资料核查	共　项，经核查符合规定　项			
3	安全和主要使用功能核查及抽查结果	共核查　项，符合规定　项；共抽查　项；符合规定　项；经返工处理符合规定　项			
4	观感质量验收	共抽查　项，达到"好"和"一般"的　项，经返修处理符合要求的　项			
5	综合验收结论				
参加验收单位	建设单位（公章）	监理单位（公章）	施工单位（公章）	设计单位（公章）	勘察单位（公章）
	项目负责人： 年 月 日	总监理工程师： 年 月 日	项目负责人： 年 月 日	项目负责人： 年 月 日	项目负责人： 年 月 日

　　单位工程资料核查记录按表 4-9 及表 4-10 填写。单位（子单位）工程安全和功能检验资料核查及主要工程抽查记录如表 4-11 所示。

表 4-9   单位（子单位）工程质量控制资料核查记录 1

工程名称					施工单位			
序号	项	目	资料名称	份数	施工单位		监理单位	
					核查意见	核查人	核查意见	核查人
1	管廊主体		图纸会审记录、设计变更通知单、工程洽商记录、竣工图					
2			工程定位测量、放线记录					
3			原材料出厂合格证书及进场检验、试验报告					
4			施工试验报告及见证检测报告					
5			隐蔽工程验收记录					
6			施工记录					
7			地基、基础、主体结构检验及抽样检测资料					
8			分项、分部工程质量验收记录					
9			工程质量事故调查处理资料					
10			新技术论证、备案及施工记录					

结论：

施工单位项目负责人：   总监理工程师：

年 月 日

分部工程及单位工程经返修或加固处理仍不能满足安全或重要使用要求时，表明工程质量存在严重的缺陷。重要的使用功能不能满足要求时，将导致综合管廊工程无法正常使用，安全不满足要求时，将危及人身健康或财产安全，严重时会给社会带来巨大安全隐患，因此严禁通过验收，更不得擅自投入使用，需要专门研究处置方案。

为避免各种管线工程施工安装与综合管廊主体结构施工的相互干扰和影响，造成连带损失和制约，纳入综合管廊的各种管线施工安装宜在综合管廊主体结构工程施工验收合格后进行。如果施工工期受限，主体结构工程与管线安装工程必须同步进行时，应做好衔接和配合工作，划分好施工顺序和界面，保证工程有序开展。综合管廊装饰装修工程质量验收应符合《建筑装饰装修工程质量验收标准》（GB 50210—2018）的规定。综合管廊工程质量验收除按本规范执行外，尚应符合《建筑工程施工质量验收统一标准》（GB 50300—2013）的有关规定。

表 4-10　　　单位（子单位）工程质量控制资料核查记录 2

工程名称					施工单位			
序号	项目	资料名称	份数	施工单位		监理单位		
				核查意见	核查人	核查意见	核查人	
1	附属工程	图纸会审记录、设计变更通知单、工程洽商记录、竣工图						
2		工程定位测量、放线记录						
3		原材料出厂合格证书及进场检验、试验报告						
4		施工试验报告及见证检测报告						
5		隐蔽工程验收记录						
6		施工记录						
7		分项、分部工程质量验收记录						
8		工程质量事故调查处理资料						
9		新技术论证、备案及施工记录						

结论：

施工单位项目负责人：　　　　　总监理工程师：

年　月　日

表 4-11　　　单位（子单位）工程安全和功能检验资料核查及主要工程抽查记录

工程名称					施工单位			
序号	项目	资料名称	份数	施工单位		监理单位		
				核查意见	核查人	核查意见	核查人	
1	管廊结构	地基承载力检测报告						
2		桩基承载力检测报告						
3		混凝土强度试验报告						
4		砂浆强度试验报告						
5		主体结构尺寸、位置抽查记录						
6		土工击实、回填土试验报告						
7		渗漏水检测记录						
8		防水工程淋水检测记录						
9		钢筋机械连接试验报告						

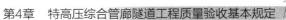

续表

序号	项 目	资料名称	份数	施工单位		监理单位	
				核查意见	核查人	核查意见	核查人
1	支吊架系统	拉拔试验记录					
2		静载试验机记录					
1	通风系统	风量测试记录					
1	供电系统	绝缘电阻测试记录					
2		剩余电流动作保护器测试记录					
3		应急电流装置应急持续供电记录					
4		接地电阻测试记录					
5		接地故障回路阻抗测试记录					
1	照明系统	建筑照明通电试运行记录					
1	给水排水系统	给水管道通水试验记录					
2		排水干管通球试验记录					
1	消防系统	消防管道压力试验记录					
2		系统功能测试记录					
1	设备系统节能	设备系统节能性能检查记录					
1	环境与设备监控系统	系统试运行记录					
2		系统电源及接地检测报告					
1	电力监控系统	系统试运行记录					
2		系统电源及接地检测报告					
1	安全防范系统	系统试运行记录					
2		系统电源及接地检测报告					
1	通信系统	系统试运行记录					
2		系统电源及接地检测报告					
1	火灾报警系统	系统试运行记录					
2		系统电源及接地检测报告					
1	管理智慧系统	系统试运行记录					

结论:

施工单位项目负责人: 总监理工程师:

年 月 日

47

4.6 单位工程综合质量评定

隧道单位工程综合质量评定包括质量控制资料核查、实体质量、主要功能核查和观感质量评定等，应按《盾构法隧道施工及验收规范》（GB 50446—2017）中相关要求执行。

单位工程质量验收合格的规定：所含分部工程的质量应验收合格；质量控制资料应完整；实体质量和主要功能应符合相关标准、规范的规定和设计要求；观感质量验收符合要求。

单位工程质量验收记录中，单位工程观感质量检查记录中的质量评价结果填写"好""一般"或"差"，可由各方协商确定，也可按以下原则确定：项目检查点中有1处或多于1处"差"，可评价为"差"；有60%及以上的检查点"好"，可评价为"好"；其余情况可评价为"一般"，如表4-12、表4-13所示。

表 4-12 土建工程及机电设备安装子单位工程观感质量检查记录

工程名称			施工单位	
序号	项	目	检查质量情况	质量评价
1	管廊结构	主体结构外观	共检查 点，好 点，一般 点，差 点	
2		主体结构尺寸、位置	共检查 点，好 点，一般 点，差 点	
3		主体结构垂直度、标高	共检查 点，好 点，一般 点，差 点	
4		变形缝	共检查 点，好 点，一般 点，差 点	
5		风井尺寸、位置	共检查 点，好 点，一般 点，差 点	
1	支吊架系统	装配式支吊架安装	共检查 点，好 点，一般 点，差 点	
2		现场制作支吊架安装	共检查 点，好 点，一般 点，差 点	
1	通风系统	风管、支架	共检查 点，好 点，一般 点，差 点	
2		风口、风阀	共检查 点，好 点，一般 点，差 点	
3		风机	共检查 点，好 点，一般 点，差 点	

序号	项 目		检查质量情况	质量评价
1	供电系统	配电箱、盘、柜	共检查　点，好　点，一般　点，差　点	
2		导管、梯架、托盘、槽盒、线盒敷设	共检查　点，好　点，一般　点，差　点	
3		梯架、托盘、槽盒布线	共检查　点，好　点，一般　点，差　点	
4		防雷接地、等电位	共检查　点，好　点，一般　点，差　点	
1	照明系统	照明配电箱	共检查　点，好　点，一般　点，差　点	
2		导管、梯架、托盘、槽盒、线盒敷设	共检查　点，好　点，一般　点，差　点	
3		梯架、托盘、槽盒布线	共检查　点，好　点，一般　点，差　点	
4		灯具安装、开关、插座	共检查　点，好　点，一般　点，差　点	
1	给水排水系统	支架安装、管道安装	共检查　点，好　点，一般　点，差　点	
2		阀部件安装	共检查　点，好　点，一般　点，差　点	
1	消防系统	设备安装	共检查　点，好　点，一般　点，差　点	
2		管道安装、支架	共检查　点，好　点，一般　点，差　点	
1	标识系统	标识牌内容、安装	共检查　点，好　点，一般　点，差　点	
	观感质量综合评价			

结论：

施工单位项目负责人： 　　　　总监理工程师：

年 月 日

特高压电力综合管廊盾构隧道工程验收手册

表 4-13 　　　　　　　　监控报警及智慧管理系统子单位工程观感质量检查记录

工程名称			施工单位	
序号		项　目	抽查质量情况	质量评价
1	环境与设备监控系统	箱柜、机电安装	共检查　点，好　点，一般　点，差　点	
2		传感器安装	共检查　点，好　点，一般　点，差　点	
3		导管、梯架、托盘、槽盒、线盒敷设	共检查　点，好　点，一般　点，差　点	
4		梯架、托盘、槽盒布线	共检查　点，好　点，一般　点，差　点	
1	电力监控系统	箱柜、机柜安装	共检查　点，好　点，一般　点，差　点	
2		传感器安装	共检查　点，好　点，一般　点，差　点	
3		导管、梯架、托盘、槽盒、线盒敷设	共检查　点，好　点，一般　点，差　点	
4		梯架、托盘、槽盒布线	共检查　点，好　点，一般点，差　点	
1	安全防范系统	箱柜、机柜安装	共检查　点，好　点，一般　点，差　点	
2		传感器安装	共检查　点，好　点，一般　点，差　点	
3		导管、梯架、托盘、槽盒、线盒敷设	共检查　点，好　点，一般　点，差　点	
4		梯架、托盘、槽盒布线	共检查　点，好　点，一般　点，差　点	
1	通信系统	箱柜、机柜安装	共检查　点，好　点，一般　点，差　点	
2		传感器安装	共检查　点，好　点，一般　点，差　点	
3		导管、梯架、托盘、槽盒、线盒敷设	共检查　点，好　点，一般　点，差　点	
4		梯架、托盘、槽盒布线	共检查　点，好　点，一般　点，差　点	

续表

序号	项 目		抽查质量情况	质量评价
1	火灾报警系统	箱柜、机柜安装	共检查 点，好 点，一般 点，差 点	
2		传感器安装	共检查 点，好 点，一般 点，差 点	
3		导管、梯架、托盘、槽盒、线盒敷设	共检查 点，好 点，一般 点，差 点	
4		梯架、托盘、槽盒布线	共检查 点，好 点，一般 点，差 点	
1	智慧管理系统	机房设备安装及布局	共检查 点，好 点，一般 点，差 点	
观感质量综合评价				

结论：

施工单位项目负责人： 总监理工程师：

年 月 日

第 5 章

质量验收范围

5.1 工 程 概 况

苏通 GIL 综合管廊工程，是淮南—南京—上海 1000kV 交流特高压输变电工程的关键单体工程和整个工程投运的控制点，在苏通大桥上游约 1km 处穿越长江工程，建成后淮南—南京—上海工程将与已投运的淮南—皖南—上海特高压交流工程合环运行，形成贯穿皖、苏、浙、沪负荷中心的华东 1000kV 特高压交流环网。

工程主要包括南岸工作井及施工通道、北岸工作井、江中盾构隧道土建工程，其中盾构段 5468.545m，南岸工作井 32m，北岸工作井 30m，施工通道为临时工程，长度为220.166m，苏通 GIL 综合管廊工程总施工平面布置如图 5-1 所示。

图 5-1　苏通 GIL 综合管廊工程总施工平面布置

隧道起于南岸（常熟）工作井，终于北岸（南通）工作井，隧道内径 10.5m，外径11.6m，全长 5468.545m，设计 2735 环管片。盾构隧道自南端始发工作井向北行走，最小曲线半径 2000m。线路出南端始发井以 5.0% 的大坡度下行后接 2.3% 的坡度继续下行，后继以 5%、0.5% 的坡度下行至隧道最低点（最低点位置隧道结构顶面标高－63.23m；底面标高－74.83m），后以 0.5%、3.1% 的坡度连续上行后接 0.5% 的上坡，坡长 2119.840m，最后以 5% 的坡度上坡，坡长 549.309m 达到北岸接收井。江中最大覆土约 46m，水土压力最大值接近 9.5bar，隧道纵断面布置如图 5-2 所示。

根据特高压 GIL 设备外形尺寸，考虑安装维修、管廊结构和通风等辅助设施等要

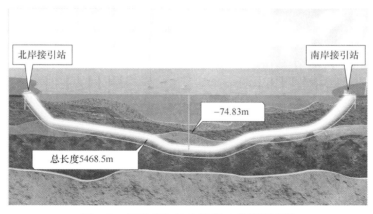

图 5-2 苏通 GIL 综合管廊工程纵断面图

求，隧道衬砌管片外径 11.6m，内径 10.5m。盾构段采用单层衬砌、平板型管片，C60 高性能混凝土，环向设置凹凸榫，抗渗等级 P12，管片环宽 2m，采用通用楔形环，双面楔形，楔形量 36mm，管片采用"7＋1"的分块模式，错缝拼装，直螺栓连接。管片及螺栓断面示意图如图 5-3 所示。

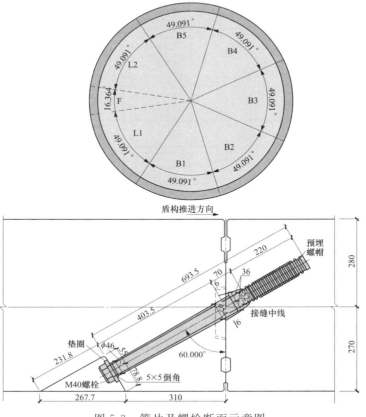

图 5-3 管片及螺栓断面示意图

管廊横断面采用圆形布置,分为上下两个部分,考虑到 GIL 运输、安装和检修维护,两回 GIL 管道分别垂直布置在管廊上层两侧,同时在管廊下层两侧预留两回 500kV 电缆廊道,下层中间箱涵设置人员巡视通道。区间横断面示意图如图 5-4 所示。

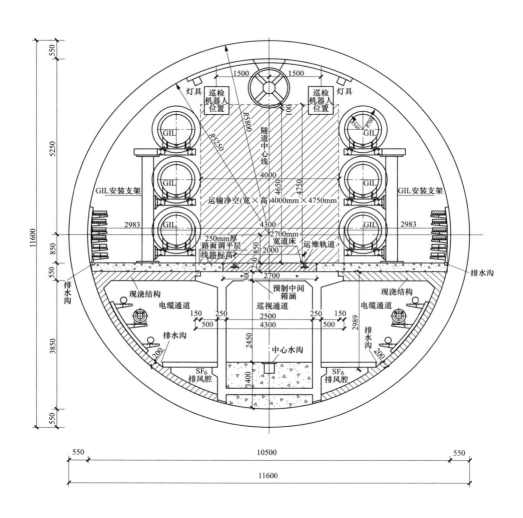

图 5-4　区间横断面示意图

本工程盾构隧道穿越地层以淤泥质土、粉质黏土、粉土、粉细砂及中粗砂等地层为主。南岸大约 1000m 为④2 粉土地层,北岸大约 1600m 为④2 粉质黏土混粉土,其余近 3000m 地段均为各种砂层。主要是⑥1 中粗砂、⑤2 细砂、⑤1 粉细砂。

⑤1 粉细砂(Q3al+pl):灰色,密实,饱和,以粉砂为主,少有粒径大于 0.25mm 颗粒,级配好,局部夹薄层粉土或粉质黏土。主要矿物成分为石英、长石等,其中,石

英含量约占全重的 60%。

⑤2 细砂（Q3al＋pl）：灰色，密实，饱和，级配一般。主要颗粒粒径在 0.075～0.25mm 范围之间。主要矿物成分为石英、长石等，其中，石英含量约占全重的 66%。

⑥1 中粗砂（Q3al＋pl）：灰色，密实，饱和，颗粒磨圆好，级配好，普遍含有粒径在 1～2cm 颗粒，含粒径大于 20.0mm 颗粒占全重的 10% 左右，局部为砾砂和卵石。主要矿物成分为石英、长石等，其中，石英含量约占全重的 74%。

站址区气候温暖湿润，降雨量充沛，地势平坦，有利于大气降水的入渗补给。且地表水资源丰富，地下水与江水发生直接的水力联系。地下水水位主要受大气降水和地表水体的影响。

主要工程数量如表 5-1 所示。

表 5-1   主要工程数量

序号	项 目		单位	数量	备注
1		高压水泥旋喷桩	m	1193.13	
2		深层水泥搅拌桩	m	8182.9	
3		冷冻法加固	m³	1010.88	
4		盾构吊装及吊拆	台次	2	
5		盾构掘进	m	5468.545	
6		盾构掘进弃土、弃浆处理及外运	m³	625 880.9	
7		衬砌壁后压浆	m³	47 780.45	
8		二次注浆	m³	6096.37	
9	盾构隧道	预制钢筋混凝土管片	m³	104 438.782	
10		管片设置密封条	环	2735	
11		隧道洞口柔性接缝环	m	78.5	
12		隧道内现浇混凝土结构	m³	53 442.39	
13		预制钢筋混凝土箱涵	m³	20 373.8	
14		现浇构件钢筋	t	3837.446	
15		预埋轨道	t	403.2	
16		植筋	根	21 930	
17		拆除混凝土结构	m³	245.44	
18		挖基坑土方	m³	34 453.71	
19	南岸始发井	回填方	m³	12 853.13	
20	及临时通道	地下连续墙	m³	5821.85	
21		高压水泥旋喷桩	m	2988.3	

序号	项 目		单位	数量	备注
22		三轴水泥搅拌桩	m	25 247.6	
23		结构混凝土	m²	11 136.85	
24		钢支撑	t	390.5	
25	南岸始发井	现浇构件钢筋	t	3550.914	
26	及临时通道	型钢及预埋件	t	236.6	
27		柔性防水层	m²	9625.29	
28		基础桩（抗拔桩）	m	960	
29		拆除混凝土结构	m³	309.28	
30		挖基坑土方	m³	18 840	
31		地下连续墙	m³	6301.44	
32		高压水泥旋喷桩	m	3046	
33		型钢结构及格构柱	t	300.13	
34	北岸接收井	三轴水泥搅拌桩	m	1920	
35		结构混凝土	m³	12 558.26	
36		现浇构件钢筋	t	4167.374	
37		拆除混凝土结构	m³	671.36	
38		柔性防水层	m²	7237.2	

5.2 隧道土建工程质量验收范围

质量验收范围包含以下内容：工程编号（质量检验项目的划分）、工程名称、验收单位、检验批质量验收标准的选用。表 5-2 为苏通 GIL 综合管廊工程隧道土建工程的质量验收范围。

苏通 GIL 综合管廊工程隧道土建工程质量验收应划分为单位工程（子单位工程）、分部工程（子分部工程）、分项工程和检验批。

本工程根据施工内容划分为 2 个单位工程（工作井及施工通道、隧道工程），其中"工作井及施工通道"单位工程划分为 3 个子单位工程（南岸工作井、北岸工作井、施工通道）。

结合工程具体情况制定了"表 5-2 苏通 GIL 综合管廊工程隧道土建工程质量验收范围"，对于表 5-2 及相关专业验收规范未涵盖的分项工程和检验批，可由建设单位组织监理、施工等单位协商确定。

表 5-2　　　　　　苏通 GIL 综合管廊工程隧道土建工程质量验收范围

工程编号						工程名称	验收单位				
单位工程	子单位工程	分部工程	子分部工程	分项工程	检验批		施工单位	勘察单位	设计单位	监理单位	建设单位
						工作井及施工通道	√	√	√	√	√
						南岸工作井	√	√	√	√	√
						地基与基础	√	√	√	√	
				01		定位及高程控制	√	√	√	√	
					01	单位工程定位放线	√			√	
						单位工程定位放线	√			√	
						基坑支护	√	√	√	√	
					01	槽壁加固	√			√	
						水泥土搅拌桩	√			√	
					02	地下连续墙钢筋	√			√	
						01 钢筋原材料及加工	√			√	
						02 钢筋连接	√			√	
						03 地下连续墙钢筋笼	√			√	
					03	地下连续墙	√			√	
01	01	01	01	02		01 混凝土拌合物	√			√	
						02 地下连续墙	√			√	
						03 防水混凝土	√			√	
					04	混凝土支撑系统模板	√			√	
						01 模板安装	√			√	
					05	混凝土支撑系统钢筋	√			√	
						01 钢筋原材料及加工	√			√	
						02 钢筋连接	√			√	
						03 钢筋安装	√			√	
					06	混凝土支撑系统	√			√	
						01 混凝土拌合物	√			√	
						02 混凝土施工	√			√	
						03 现浇混凝土结构外观及尺寸偏差	√			√	
						04 钢或混凝土支撑系统	√			√	
					07	钢结构支撑系统	√			√	
						01 普通紧固件连接	√			√	
						02 钢或混凝土支撑系统	√			√	
			03			土方	√	√	√	√	

续表

单位工程	子单位工程	分部工程	子分部工程	分项工程	检验批	工程名称	施工单位	勘察单位	设计单位	监理单位	建设单位
			03	01		土方开挖	✓			✓	
					01	土方开挖	✓			✓	
			04			桩基础	✓			✓	
				01		混凝土灌注桩钢筋	✓			✓	
					01	钢筋原材料及加工	✓			✓	
					02	钢筋连接	✓			✓	
					03	混凝土灌注桩钢筋笼	✓			✓	
				02		混凝土灌注桩	✓			✓	
					01	混凝土拌合物	✓			✓	
					02	混凝土灌注桩施工	✓			✓	
			05			地基	✓	✓	✓	✓	
				01		水泥土搅拌桩地基	✓			✓	
					01	水泥土搅拌桩地基	✓			✓	
01	01	01	06			地下防水	✓	✓	✓	✓	
				01		主体结构防水	✓			✓	
					01	防水混凝土	✓			✓	
					02	涂料防水层	✓			✓	
					03	卷材防水层	✓			✓	
				02		细部构造防水	✓			✓	
					01	施工缝	✓			✓	
					02	后浇带	✓			✓	
					03	桩头	✓			✓	
				03		特殊施工法结构防水	✓			✓	
					01	地下连续墙	✓			✓	
					02	逆筑结构	✓			✓	
				04		注浆	✓			✓	
					01	高压喷射桩注浆	✓			✓	
			07			地下水控制	✓	✓	✓	✓	
				01		降水与排水	✓			✓	
					01	降水与排水	✓			✓	
			02			主体结构	✓		✓	✓	
				00		混凝土结构	✓		✓	✓	

工程编号						工程名称	验收单位				
单位工程	子单位工程	分部工程	子分部工程	分项工程	检验批		施工单位	勘察单位	设计单位	监理单位	建设单位
	01			01		模板	√			√	
					01	模板安装	√			√	
				02		钢筋	√			√	
					01	钢筋原材料及加工	√			√	
					02	钢筋连接	√			√	
					03	钢筋安装	√			√	
				03		混凝土	√			√	
					01	混凝土拌合物	√			√	
					02	混凝土施工	√			√	
					03	现浇混凝土结构外观及尺寸偏差	√			√	
01	02					北岸工作井	√	√	√	√	√
		01				地基与基础	√	√	√	√	
			01			定位及高程控制	√	√	√		
				01		单位工程定位放线	√			√	
					01	单位工程定位放线	√			√	
			02			基坑支护	√	√	√	√	
				01		槽壁加固	√			√	
					01	水泥搅拌桩	√			√	
				02		地下连续墙钢筋	√			√	
					01	钢筋原材料及加工	√			√	
					02	钢筋连接	√			√	
					03	地下连续墙钢筋笼	√			√	
				03		地下连续墙	√			√	
					01	混凝土拌合物	√			√	
					02	地下连续墙	√			√	
					03	防水混凝土	√			√	
				04		混凝土支撑系统模板	√			√	
					01	模板安装	√			√	
				05		混凝土支撑系统钢筋	√			√	
					01	钢筋原材料及加工	√			√	
					02	钢筋连接	√			√	

单位工程	子单位工程	分部工程	子分部工程	分项工程	检验批	工程名称	施工单位	勘察单位	设计单位	监理单位	建设单位
				05	03	钢筋安装	√			√	
						混凝土支撑系统	√			√	
					01	混凝土拌合物	√			√	
				06	02	混凝土施工	√			√	
					03	现浇混凝土外观尺寸偏差	√			√	
			02		04	钢或混凝土支撑系统	√			√	
						钢结构支撑系统	√			√	
				07	01	普通紧固件连接	√			√	
					02	钢或混凝土支撑系统	√			√	
						土方	√	√	√	√	
			03	01		土方开挖	√			√	
					01	土方开挖	√			√	
						桩基础	√			√	
						混凝土灌注桩钢筋	√			√	
				01	01	钢筋原材料及加工	√			√	
01	02	01	04		02	钢筋连接	√			√	
					03	混凝土灌注桩钢筋笼	√			√	
						混凝土灌注桩	√			√	
				02	01	混凝土拌合物	√			√	
					02	混凝土灌注桩施工	√			√	
						地基	√	√	√	√	
			05	01		水泥土搅拌桩地基	√			√	
					01	水泥土搅拌桩地基	√			√	
						地下防水	√	√	√	√	
						主体结构防水	√			√	
				01	01	防水混凝土	√			√	
					02	涂料防水层	√			√	
			06		03	卷材防水层	√			√	
						细部构造防水	√			√	
				02	01	施工缝	√			√	
					02	后浇带	√			√	
					03	桩头	√			√	

续表

工程编号						工程名称	验收单位				
单位工程	子单位工程	分部工程	子分部工程	分项工程	检验批		施工单位	勘察单位	设计单位	监理单位	建设单位
01	01	06				特殊施工法结构防水	√			√	
				03	01	地下连续墙	√			√	
					02	逆筑结构	√			√	
				04		注浆	√			√	
					01	高压喷射桩注浆	√			√	
		07				地下水控制	√	√	√	√	
				01		降水与排水	√			√	
					01	降水与排水	√			√	
	02	02	00			主体结构	√		√	√	
						混凝土结构	√		√	√	
				01		模板	√			√	
					01	模板安装	√			√	
				02		钢筋	√			√	
					01	钢筋原材料及加工	√			√	
					02	钢筋连接	√			√	
					03	钢筋安装	√			√	
				03		混凝土	√			√	
					01	混凝土拌合物	√			√	
					02	混凝土施工	√			√	
					03	现浇混凝土结构外观及尺寸偏差	√			√	
	03	01				施工通道	√	√	√	√	
						地基与基础	√	√	√	√	
			01			定位及高程控制	√	√	√	√	
				01		单位高程定位放线	√			√	
					01	单位高程定位放线	√			√	
			02			基坑支护	√	√	√	√	
				01		槽壁加固	√			√	
					01	水泥土搅拌桩	√			√	
				02		型钢水泥土搅拌墙	√			√	
					01	加筋水泥土搅拌桩	√			√	
				03		水泥土重力式挡墙	√			√	

续表

工程编号						工程名称	验收单位				
单位工程	子单位工程	分部工程	子分部工程	分项工程	检验批		施工单位	勘察单位	设计单位	监理单位	建设单位
01	03	01	02	03	01	水泥土搅拌桩	√			√	
				04		地下连续墙钢筋	√			√	
					01	钢筋原材料及加工	√			√	
					02	钢筋连接	√			√	
					03	地下连续墙钢筋笼	√			√	
				05		地下连续墙	√			√	
					01	混凝土拌合物	√			√	
					02	地下连续墙	√			√	
					03	防水混凝土	√			√	
				06		锚杆支护	√			√	
					01	锚杆及土钉墙支护工程	√			√	
				07		混凝土支撑系统模板	√			√	
					01	模板安装	√			√	
				08		混凝土支撑系统钢筋	√			√	
					01	钢筋原材料及加工	√			√	
					02	钢筋连接	√			√	
					03	钢筋安装	√			√	
				09		混凝土支撑系统	√			√	
					01	混凝土拌合物	√			√	
					02	混凝土施工	√			√	
					03	现浇混凝土结构外观	√			√	
					04	钢或混凝土支撑系统	√			√	
				10		钢结构支撑系统	√			√	
					01	普通紧固件连接	√			√	
					02	钢或混凝土支撑系统	√			√	
			03			土方	√	√	√	√	
				01		土方开挖	√			√	
					01	土方开挖	√			√	
				02		土工回填	√			√	
					01	土方回填	√			√	
			04			桩基础	√	√	√	√	
					01	混凝土灌注桩钢筋	√			√	

续表

单位工程	子单位工程	分部工程	子分部工程	分项工程	检验批	工程名称	施工单位	勘察单位	设计单位	监理单位	建设单位
01	03	01	04	01	01	钢筋原材料及加工	√			√	
					02	钢筋连接	√			√	
					03	混凝土灌注桩钢筋笼	√			√	
				02		混凝土灌注桩	√			√	
					01	混凝土拌合物	√			√	
					02	混凝土灌注桩施工	√			√	
			05			地基	√	√	√	√	
				01		水泥土搅拌桩地基	√			√	
					01	水泥土搅拌桩地基	√			√	
			06			地下防水	√	√	√	√	
				01		细部构造防水	√			√	
					01	变形缝防水	√			√	
			07			地下水控制	√	√	√	√	
				01		降水与排水	√			√	
					01	降水与排水	√			√	
		02				主体结构	√		√	√	
			00			混凝土结构	√		√	√	
				01		模板	√			√	
					01	模板安装	√			√	
				02		钢筋	√			√	
					01	钢筋原材料及加工	√			√	
					02	钢筋连接	√			√	
					03	钢筋安装	√			√	
				03		混凝土	√			√	
					01	混凝土拌合物	√			√	
					02	混凝土施工	√			√	
					03	现浇混凝土结构	√			√	
02	00	01				隧道工程	√	√	√	√	√
				01		地基与基础（端头加固）	√	√	√	√	
			01			定位及高程控制	√	√	√	√	
				01		单位高程定位放线	√			√	
					01	单位高程定位放线	√			√	

续表

工程编号						工程名称	验收单位				
单位工程	子单位工程	分部工程	子分部工程	分项工程	检验批		施工单位	勘察单位	设计单位	监理单位	建设单位
02	00	01	02			基坑支护	√	√	√	√	
				01		地下连续墙	√			√	
					01	混凝土拌合物	√			√	
					02	地下连续墙	√			√	
			03			地基	√	√	√	√	
				01		水泥土搅拌桩地基	√			√	
					01	水泥土搅拌桩地基	√			√	
				02		高压旋喷注浆地基	√			√	
					01	高压旋喷注浆地基	√			√	
			04			地下防水	√	√	√	√	
				01		特殊施工法结构防水	√			√	
					01	盾构隧道	√			√	
			05			地下水控制	√	√	√	√	
				01		降水与排水	√			√	
					01	降水与排水	√			√	
				02		冷冻加固	√			√	
					01	冻结钻孔	√			√	
					02	制冷冻结	√			√	
		02	02	00		管片工程	√		√	√	
					01	管片模具	√			√	
						管片模具	√			√	
					02	管片钢筋	√			√	
					01	管片钢筋原材料及加工	√			√	
					02	管片钢筋骨架安装	√			√	
					03	管片混凝土	√			√	
					01	混凝土原材料	√			√	
					02	混凝土拌合物	√			√	
					03	管片混凝土施工	√			√	
					04	钢筋混凝土管片	√			√	
					04	管片进场验收	√			√	
					01	管片进场验收	√			√	
					05	管片拼装	√			√	

续表

单位工程	子单位工程	分部工程	子分部工程	分项工程	检验批	工程名称	施工单位	勘察单位	设计单位	监理单位	建设单位
		02			01	管片拼装	√			√	
						盾构隧道	√	√	√	√	
		03	00	01		成型隧道	√			√	
					01	成型隧道	√			√	
						内部结构	√		√	√	
						现浇混凝土结构	√			√	
				01		模板	√			√	
					01	模板安装	√			√	
						钢筋	√			√	
02	00			02	01	钢筋原材料及加工	√			√	
					02	钢筋连接	√			√	
					03	钢筋安装	√			√	
						混凝土	√			√	
				03	01	混凝土原材料	√			√	
					02	混凝土拌合物	√			√	
					03	混凝土施工	√			√	
		04	00		04	现浇混凝土结构外观及尺寸	√			√	
						预制混凝土结构	√			√	
				04		模板	√			√	
					01	模板安装	√			√	
						钢筋	√			√	
				05	01	钢筋原材料及加工	√			√	
					02	钢筋连接	√			√	
					03	钢筋安装	√			√	
						混凝土	√			√	
				06	01	混凝土原材料	√			√	
					02	混凝土拌合物	√				
					03	混凝土施工	√				
					04	预制构件	√			√	
				07		预制混凝土结构安装与连接	√			√	
					01	预制构件安装与连接	√			√	

65

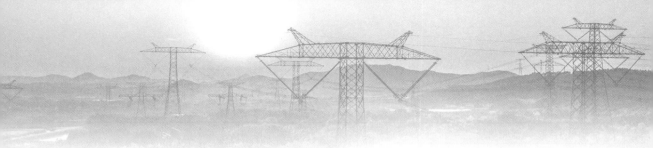

第6章
隧道结构检测技术

6.1 隧道检测技术现状

最早的隧道检测手段是用钻孔探测衬砌的厚度和空洞（钻孔取芯法），该法对衬砌中的缺陷以及衬砌后脱空的判断直观且准确无误，在隧道衬砌健康状态检测中得到了长期的应用。但由于其检测速度较慢，效率较低，对衬砌结构的防排水系统形成破坏，大量抽样对结构受力不利，少量抽样代表性差，导致采用这种方法检测的测点较少，不能对隧道衬砌的总体情况进行全面而准确的评价。因此，在现有的隧道衬砌健康状态检测中，一般采用钻孔取芯法对其他检测方法进行标定。

鉴于钻孔取芯法存在的诸多弊端，人们开始了无损检测技术的探索与研究，该类方法是利用声、光、电、磁和射线等方法，推定混凝土强度、密实度、均匀度及存在的缺陷等。与破损检测相比，无损检测具有仪器简单、操作方便、费用较低、不破坏结构、可进行重复测试等优点，包括回弹法、冲击回波法、浅层地震法、超声波法和探地雷达法。每种无损检测方法都有各自的优势，同时也有各自的不足。

6.1.1 回弹法

回弹法是在混凝土侧面或顶面（底面）均匀布置一定数量的测点，利用回弹仪测得混凝土的回弹值，并根据已知的测强曲线，以及混凝土抗压强度与混凝土表面回弹值之间存在的统计相关关系，通过换算求得混凝土当前状态和强度，用以检测混凝土的质量和抗压强度。其优点在于：①仪器构造简单，方法易于掌握；②检测工作有较好的灵活性，可以在结构物的任何部位进行检测；③适用于施工现场对混凝土强度进行随机的、大量的检测。但是，回弹法反映的仅是混凝土表面 10～15cm 厚度范围内的质量，即只用于检测混凝土表面的质量。

6.1.2 冲击回波法

为了检测只存在单一测试面的结构混凝土的厚度及其内部缺陷，国际上从 20 世纪

80 年代中期开始研究一种新的无损检测方法——冲击回波法。该法利用一个短时的机械冲击（用一个小钢球或小锤轻敲混凝土表面）产生低频的应力波，应力波传播到结构内部，被缺陷和构件底面反射回来，这些反射波被安装在冲击点附近的传感器接收下来，并被送到一个内置高速数据采集及信号处理的便携式仪器，将所记录的信号进行时域和频域分析即可得出混凝土的厚度或缺陷的深度。特别适合于单面结构，如路面、机场跑道、底板、护坡、挡土墙、筏型基础、隧道衬砌、大坝等结构的检测。但是，该方法具有很大的片面性，冲击回波到达的检测深度依赖于要检测的材料结构、强度以及应力脉冲的频率，这些会受到所选球尺寸的影响。另外，该方法还极大地依赖回波响应、频谱分析等应力波理论，解释较为困难，而且对混凝土表面的光洁度、耦合剂层厚要求较高。

6.1.3　浅层地震法

浅层地震法是以测量对象的弹性差异为物理前提的。其基本工作方法是在某一条测线上或浅井中用炸药或重锤作震源激发地震波，当地震波向下传播遇到弹性不同的分界面时，就会发生反射、透射和折射，再沿测线的不同位置用专门的地震勘探仪器记录这些地震波。根据波的振幅、速度等参数就可推断测量对象的性质。地震法能探测到隧道围岩中较远的范围，其最大的不足就是工作效率低。

6.1.4　超声波法

超声波法是在结构的表面或钻孔内布置一定数量的测点，利用低频超声波测出混凝土的波速，将测得的波速与标准状态的波速对照从而求得混凝土的质量和强度。近年来，随着我国建筑业和公路铁道的迅速发展，超声波技术作为无损检测的一种方法得到了广泛应用，取得了显著的成效。该项无损检测技术主要应用于桩基检测等领域。在混凝土强度、均匀性及混凝土内部缺陷的检测方面已广泛为人们所认可，但超声波检测混凝土是逐点进行观测，其工作效率不适合大面积的隧道检测工作。

6.1.5　地质雷达法

地质雷达法（GPR）是利用高频电磁波以宽频带短脉冲形式，由地面通过发射天线定向送入地下，经过存在电性差异的介质反射后返回地面，被接收天线接收。电磁波在介质中传播时，其路径、电磁场强度与波形将随所通过混凝土的电性与状态而变化，当发射与接收天线以固定的间距沿测线同步移动时，就可以得到反映测线以下介质的雷达图像。该方法可根据波形记录直接分析混凝土内部缺陷的分布和形态，具有可视性；可根据探测深度、分辨率的要求选用不同频率的天线；可在结构物表面进行，灵活性较好，在同一部位可进行多次重复测试；具有很快的检测速度（最高可达到每小时80km），并且可以连续检测，适合大面积的混凝土检测工作。

6.1.6 瞬变电磁法

瞬变电磁法是用不接地的回线（线圈）向被测地质体发射脉冲式电场作为场源（一次场），以激励被测地质体产生二次场，在发射脉冲的间隙利用接收回线（线圈）接收二次场随时间变化的响应。从接收的二次场数据中分析出地质体异常导电体的位置，从而达到解决地质问题的目的。

6.2 隧道施工质量检测仪器与原理

在隧道施工中，开挖断面的检测是工程质量评价的重要指标之一。在开挖施工中，按设计和规范要求控制超欠挖量和断面平整程度，不仅关系到施工的成本，还要影响衬砌的质量以及围岩与支护结构的受力状态。隧道断面的检测有多种方法，主要可分为接触性检测和非接触性检测，传统的接触性检测方法准确性受人为因素影响很大，且测量环节多、费力，量测断面数量少，造成检测结果严重滞后于施工进度，达不到即时性要求。随着检测技术的不断发展，非接触性检测方法在地下工程中得到了广泛应用。本节主要介绍三维激光扫描检测方法及检测仪器的原理和应用。

三维激光扫描技术又称为"高清晰测量（HDS）"，也称为"实景复制技术"，是利用激光测距的原理，通过记录被测物体表面大量密集点的三维坐标信息和反射率信息，将各种实体或实景的三维数据完整地采集到电脑中，进而快速地复建出被测目标的三维模型及线、面、体等各种图件数据。所采集的点云数据还可以用于其他领域专业软件进行处理应用。由于三维激光扫描技术可以迅速获取大量目标对象的数据点，因此相对于传统的单点测量，三维激光扫描技术为盾构隧道检测提供了新的方法。

1. 三维激光扫描仪测量原理

三维激光扫描仪基于激光的单色性、方向性、相干性和高亮度特性，在注重测量速度和操作简便的同时，保证了测量的综合精度，其测量原理主要分为测距、测角、扫描、定向4个方面。

（1）测距原理。激光测距作为激光扫描技术的关键组成部分，对于激光扫描的定位、获取空间三维信息具有十分重要的作用。目前，测距方法主要有三角法、脉冲法和相位法。该三种方法的区别主要集中在测程与精度的关系上，脉冲测距法测量距离最长，但精度随距离的增加而降低；相位测距法适合于中程测量，具有较高的测量精度，但是它是通过两个间接测量获得目标距离，所以应用这种测距原理的三维激光扫描仪较少；三角测距法测程最短，精度最高，适合近距离、室内的测量。

三角法测距是借助三角形几何关系，求得扫描中心到扫描对象的距离。激光发射点和电荷耦合元件（CCD）接收点位于长度为 L 的高精度基线两端，并与目标反射点构成一个空间平面三角形。如图 6-1 所示。

在图 6-1 中，通过激光扫描仪角度传感器可得到发射、入射光线与基线的夹角分别为 γ、λ，激光扫描仪的轴向自旋转角度 α，然后以激光发射点为坐标原点，基线方向为 X 轴正向，以平面内指向目标且垂直于 X 轴

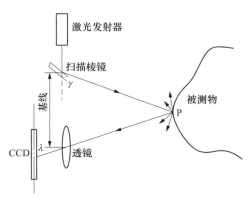

图 6-1　三角测距原理

的方向线为 Y 轴建立测站坐标系。通过计算可得目标点的三维坐标为

$$\begin{cases} x = \dfrac{\cos\gamma \sin\gamma}{\sin(\gamma + \lambda)} L \\[2mm] y = \dfrac{\sin\gamma \sin\lambda \cos\alpha}{\sin(\gamma + \lambda)} L \\[2mm] z = \dfrac{in\gamma \sin\lambda \sin\alpha}{\sin(\gamma + \lambda)} L \end{cases} \tag{6-1}$$

结合 P 的三维坐标便可得被测目标的距离 S，在式（6-1）中，由于基线长 L 较小，故决定了三角法测量距离较短，适合于近距测量。

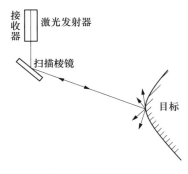

图 6-2　脉冲测距原理

脉冲测距法是通过测量发射和接收激光脉冲信号的时间差来间接获得被测目标的距离，如图 6-2 所示，激光发射器向目标发射一束脉冲信号，经目标漫反射后到达接收系统，设测量距离为 S，光速为 c，测得激光信号往返传播的时间差为 Δt，则有

$$S = \frac{1}{2} c \Delta t \tag{6-2}$$

从式（6-2）中可以看出，影响距离精度的因素主要有 c 和 Δt，而 c 的精度主要由大气折射率决定，目前 n 的精度很高，对测距影响很小；Δt 的确定可通过前沿判别，高通容阻判别，恒比值判别或全波形检测技术等方法，保证测定精度。脉冲法的测量距离较远，但是其测距

精度较低，现在大多数三维激光扫描仪都使用这种测距方式，主要在地形测绘、文物保护、"数字城市"建设、土木工程等方面有较好的应用。

相位法测距是用无线电波段的频率，对激光束进行幅度调制，通过测定调制光信号在被测距离上往返传播所产生的相位差，间接测定往返时间，并进一步计算出被测距离。相位型扫描仪可分为调幅型、调频型、相位变换型等。设以激光信号往返传播产生的相位差为准，脉冲的频率为 f，则所测距离 S 为

$$S = \frac{c}{2}\left(\frac{\varphi}{2\pi f}\right) \tag{6-3}$$

这种测距方式是一种间接测距方式，通过检测发射和接收信号之间的相位差，获得被测目标的距离。测距精度较高，主要应用在精密测量和医学研究，精度可达到毫米级。

以上 3 种测距方法各有优缺点，主要集中在测程与精度的关系上，脉冲测量的距离最长，但精度随距离的增加而降低。相位法适合于中程测量，具有较高的测量精度，但是它是通过两个间接测量才得到距离值，所以应用这种测距原理的三维激光扫描仪较少，主要是美国的 Faro 公司，如 LS880、Photon 80。三角测量测程最短，但是其精度最高，适合近距离、室内的测量。

（2）测角原理。区别于常规仪器的度盘测角方式，激光扫描仪通过改变激光光路获得扫描角度。把两个步进电动机和扫描棱镜安装在一起，分别实现水平和垂直方向扫描。步进电动机是一种将电脉冲信号转换成角位移的控制微型电动机，它可以实现对激光扫描仪的精确定位。在扫描仪工作的过程中，通过步进电动机的细分控制技术，获得稳步、精确的步距角，即

$$\theta_b = \frac{2\pi}{N_r mb} \tag{6-4}$$

式中　N_r——电机的转子齿数；

　　　m——电动机的相数；

　　　b——各种连接绕组的线路状态数及运行拍数。

在得到步距角的基础上，可得扫描棱镜转过的角度值，再通过精密时钟控制编码器同步测量，便可得每个激光脉冲横向、纵向扫描角度观测值。

激光扫描测角系统由激光发射器、直角棱镜和 CCD 元件组成，激光束入射到直角棱镜上，经棱镜折射后射向被测目标，当三维激光扫描仪转动时，出射的激光束将形成线性的扫描区域，CCD 记录线位移量，则可得扫描角度值。

（3）扫描原理。

三维激光扫描仪通过内置伺服驱动马达系统精密控制多面扫描棱镜的转动，决定激光束出射方向，从而使脉冲激光束沿横轴方向和纵轴方向快速扫描。目前，扫描控制装置主要有摆动扫描镜和旋转正多面体扫描镜两种。摆动扫描镜为平面反射镜，由电动机驱动往返振荡，扫描速度较慢，适合高精度测量；旋转正多面体扫描镜在电机驱动下绕自身对称轴匀速旋转，扫描速度较快。扫描控制装置如图 6-3 所示。

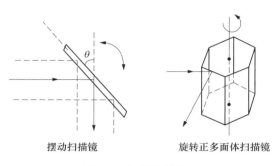

摆动扫描镜　　　　　旋转正多面体扫描镜

图 6-3　扫描控制装置

（4）定向原理。

三维激光扫描仪扫描的点云数据都在其定义的扫描坐标系中，但是数据的后处理要求是大地坐标系下的数据，这就需要将扫描坐标系下的数据转换到大地坐标系下，这个过程称为三维激光扫描仪的定向。在坐标转换中，设立特制的定向识别系标志，通过计算识别的中心坐标，采用公共坐标点坐标转

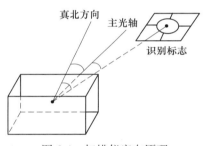

图 6-4　扫描仪定向原理

换，求得两坐标系之间的转换参数，包括平移参数和旋转参数。扫描仪定向原理如图 6-4 所示。

2. 三维激光扫描仪发展现状

三维激光扫描仪作为光、机、电等技术集成化的新型测绘仪器，种类繁多，按测距原理可分为三角法、脉冲式、相位式和脉冲-相位式激光扫描仪；按测量平台可分为地面固定型、车载型、手持型及机载型激光扫描仪；按测量的扫描距离可分为短距离型、中距离型及长距离型激光扫描仪。各种扫描仪在测程范围、扫描视场、扫描速率、测距精度、测角精度等方面各有特点。

下面针对几种不同的设备，对比各项技术参数，得出不同测距原理的三维激光扫描仪测程、精度和扫描速率之间的关系，如表 6-1 所示。

三维激光扫描仪依照最高扫描速率从小到大排列，通过参数可见，三角法测量距离最短，扫描速率慢，但是其精度很高，适合许多高精度的测量，在医学和精密工业中有很好的应用，如外科整形、人体测量、矫正手术、在线加工、工业设计等。脉冲式测程远，扫描速率快，距离测量精度较低，但角度测量精度较高，并随着测程与扫描速率的增加，精度呈现降低的趋势主要应用在基础设施测量、地形测量、变形测量、工程施工、事故现场恢复、古迹修复与保护等方面。相位式测程介于上述两者之间，扫描速率最大，但是角度测量精度很低。在改建及现场测绘工程、汽车在线加工、大型器件监测、船体测量、医学研究、食品加工等方面有广泛的应用。

表 6-1　　　　　　　　　　　　　三维激光扫描仪技术参数

参数型号	扫描原理	测距范围	视场范围	单点测距精度	测角精度 （或分辨率）	最高扫描 速率
MENSI S10	三角	0.8～10m	320°×46°	±0.1mm	±4″	100 点/s
LPM-321	脉冲	10～6000m	360°×150°	±15mm	0.009°	1000 点/s
ILRIS-36D	脉冲	3～1500m	360°×110°	±7mm（100m）	±4″	2500 点/s
GLS-100	脉冲	1～330m	360°×70°	±4mm（150m）	±6″	3000 点/s
HDS3000	脉冲	2～100m	360°×270°	±6mm（50m）	±60mrad	4000 点/s
GS 100	脉冲	1～100m	360°×60°	±6mm（50m）	±6″	5000 点/s
GX 3D	脉冲	1～350m	360°×60°	±12mm（100m）	±12″	5000 点/s
ILRIS-3S	脉冲	3～1200m	360°×310°	±4mm（100m）	0.00075°	10 000 点/s
LMS-Z620	脉冲	2～2000m	360°×80°	±10mm（100m）	0.002°	11 000 点/s
ScanStation 2	脉冲	2～300m	360°×270°	±6mm（50m）	±12″	50 000 点/s
VZ-400	脉冲	1～500m	360°×100°	±2mm（100m）	0.0005°	300 000 点/s
LS880	相位	0.6～76m	360°×320°	±3mm（25m）	0.009°	120 000 点/s
Photon 80	相位	0.6～80m	360°×320°	±5mm（100m）	0.009°	120 000 点/s
HDS6000	相位	1～79m	360°×310°	±6mm（50m）	±25″	500 000 点/s

3. 三维激光扫描仪发展趋势

三维激光扫描仪作为测绘科学的领先产品，具有鲜明的优势，广泛的应用。从整体来看，三维激光扫描仪基本涵盖测绘的各个领域，具备大面积、高自动化、高速率、高精度测量的特点。但是其自身还存在诸多不足：

（1）三维激光扫描仪售价高，难以满足普通化需求；目前用户主要集中在高校与科研院所。一般而言，地面三维激光扫描仪是一个很难实现检校的黑箱系统，并且仪器的价格非常昂贵，属于市场上的高档仪器设备。

（2）仪器自身和精度的检校存在困难，目前检校方法单一，基准值求取复杂，精度评定不好。

（3）点云数据处理软件没有统一化，各个厂家都有自带软件，互不兼容；精度、测距与扫描速率存在矛盾关系。

基于这些不足之处，提出三维激光扫描仪的发展趋势有以下几个方面：

（1）三维激光扫描仪国产化，研制具有自主知识产权的高精度仪器；

（2）点云数据处理软件的公用化和多功能化，实现实时数据共享及海量数据处理；

（3）在硬件固定的情况下，注重测量方法和算法上提高精度，如采用脉冲和相位结合的方式测量距离；

（4）进一步扩大扫描范围，实现全圆球扫描，获得被测景物空间三维虚拟实体显示；

（5）与其他测量设备（如 GPS、IMU、全站仪等）联合测量，实时定位、导航，并扩大测程和提高精度；

（6）三维激光扫描仪与摄像机的集成化，在扫描的同时获得物体影像，提高点云数据和影像的匹配精度。

6.3　结构材料强度的无损检测技术

隧道无损检测技术，在测试精度上，还没有建立隧道工程的完整测试系统，但由于测试方法本身的优势，在隧道工程中发挥越来越大的作用。

现场检测混凝土强度的方法很多，如钻芯法、拔出法、回弹法、超声波法、超声－回弹综合法等。回弹法、超声－回弹综合法是应用最广的无损检测方法。混凝土试块的抗压强度与无损检测的参数之间建立起来的关系曲线，称为测强曲线，它是无损检测混凝土强度的基础。测强曲线根据来源不同，分为全国统一测强曲线、地区测强曲线及专用测强曲线 3 种。

6.3.1　回弹法

回弹法是指以在结构或构件混凝土测得的回弹值和碳化深度来评定结构或构件混凝土强度的方法。

1. 仪器构造与类型

检测设备包括一个金属外壳、一个重锤和一个测头。内部主要由弹击杆、缓冲弹簧、拉力弹簧弹击锤、导向杆等构成。工作时候，随着对回弹仪施压，弹击杆 11 徐徐向机壳内推进，弹击弹簧 14 被拉伸，使连接拉力拉簧的弹击锤 7 获得恒定的冲击能量 e。

当挂钩 3 与顶杆相互挤压时，使弹击锤脱钩，于是弹击锤的冲击面与弹击杆的后端平面相碰撞，此时弹击锤释放出来的能量借助弹击杆传递给混凝土构件，混凝土弹性反应的能量又通过弹击杆传给弹击锤，使弹击锤获得回弹的能量向后弹回，计算弹击锤回

弹的距离 x 和弹击锤脱钩前距弹击杆后端平面的距离 l 之比，即得回探值 R，由仪器给出。

回弹仪按回弹冲击能量的大小分为重型、中型和轻型。普通混凝土抗压强度不大于 C50，通常使用中型回弹仪；普通混凝土抗压强度不小于 C60，通常使用重型回弹仪。用回弹法进行高强度混凝土检测时，需要事先对所用仪器设备做出合理选择，同时还应依据相关的检测标准要求，从而为后续检测工作打下良好基础。回弹仪外形如图 6-5 所示，回弹仪构造如图 6-6 所示。

图 6-5　回弹仪外形

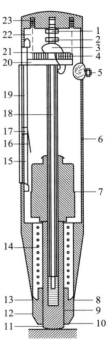

图 6-6　回弹仪构造

1—紧固螺母；2—调零螺钉；3—挂钩；
4—挂钩销子；5—按钮；6—机壳；7—弹
击锤；8—拉簧座；9—卡环；10—密封
毡圈；11—弹击杆；12—盖帽；13—缓
冲弹簧；14—弹击拉簧；15—刻度尺；
16—指针片；17—指针块；18—中心导杆；
19—指针轴；20—导向法兰；21—挂
钩压簧；22—压簧；23—尾盖

传统的回弹仪检测直接读取回弹仪指针所在的位置读数，是直读式，除此之外，还有自记式、自动记录及处理数据的数字回弹仪，如 HT-225S 数显回弹仪，通过彩色液晶屏显示，数据界面清晰易读，检测数据自动记录、自动计算、自动存储，确保数据安全；测区回弹均值和强度换算值即弹即得，不完整测区随时查看结果，支持远程仪器软件、曲线、分析软件等内容升级，曲线同步行业规范更新。

2. 检测原理

回弹法是用弹簧驱动重锤，通过弹击杆弹击混凝土表面，并测出重锤被反弹回来的距离，以回弹值作为强度的指标，根据校准图标定混凝土强度。回弹距离取决于重锤和混凝土开始撞击时所吸收的能量，吸收的能量越多，回弹值越小。回弹值和抗压强度之间并没有直接关系，但经验表明，对于一个给定配比的混凝土结构，其抗压强度的增长和回弹值的增长有较好的关系。图 6-7 为回弹法原理示意图。当重锤被拉到冲击前的起始状态时，若重锤的质量等于 1，则此时重锤所具有的势能 e 为

$$e = 0.5kl^2 \tag{6-5}$$

式中　k——拉力弹簧的刚度系数；

　　　l——拉力弹簧起始拉伸长度，m。

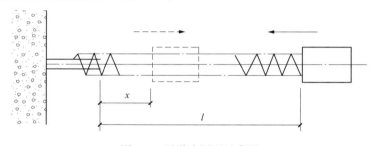

图 6-7　回弹法原理示意图

混凝土受冲击后产生瞬时弹性变形，其恢复力使重锤弹回，当重锤被弹回到 x 位置时所具有的势能 e_x 为

$$e_x = 0.5kx^2$$

式中　x——重锤反弹位置或重锤弹回时弹簧的拉伸长度，m。

所以重锤在锤击过程中，所消耗的能量为

$$\Delta e = e - e_x = 0.5k(l^2 - x^2) = e\left[1 - \left(\frac{x}{l}\right)^2\right]$$

令

$$R = \frac{x}{l}$$

在回弹仪中，l 为定值，所以 R 与 x 成正比，称 R 为回弹值。将 R 代入式中得

$$R = \sqrt{1 - \frac{\Delta e}{e}} = \sqrt{\frac{e_x}{e}}$$

回弹值只等于重锤冲击混凝土表面后剩余势能与原有势能之比的平方根。回弹值的大小取决于与冲击能量有关的回弹能量，而回弹能量主要取决于被测混凝土的弹塑性，即混凝土塑性变形越大，消耗于产生塑性变形的功也越大，弹击锤所获得的回弹功能就越小，回弹距离也减小，从而回弹值就越小，反之亦然。可以由实验方法建立"混凝土抗压强度-回弹值"的相关曲线，通过回弹仪对混凝土表面弹击后的回弹值来推算混凝土的强度值。

3. 特点及适用条件

回弹法混凝土检测方法具有操作简单、检测速度快、成本较低等优势，目前这一方法在混凝土检测过程中得到了广泛应用。此方法在高强混凝土的强度检测方面具备良好应用效果，检测过程中不会对混凝土内部造成损害，因此也适用于对强度存在较高要求的建筑工程，并且还应根据混凝土的强度选用相应的回弹仪。

在《回弹法检测混凝土抗压强度技术规程》（JGJ/T 23—2011）中，检测混凝土的龄期为 7～100d，回弹法不适用于表层及内部质量有明显差异或内部存在缺陷的混凝土构件和特种成型工艺制作的混凝土的检测。回弹法应用的关键条件在于需要保证混凝土质地均匀。

由于该方法需要借助测强曲线完成强度输出，若混凝土内部和表面存在较大的差异，如受到冻融循环、火灾及化学腐蚀等作用，则回弹法检测效果较差。影响回弹法检测精准度的因素有工作环境气候、设备性能指标、仪器操作方法等，因此提高检测效率和准确度的主要措施有：①选择内部无较大缺陷或内部及表面质量无明显差异的构件；②选择的测区混凝土强度处于 10.0～60.0MPa，且龄期为 7～1000d 以内；③注意对仪器参数的校准、定期保养及仪器操作技巧的正确使用。同时，针对高强混凝土而言存在 15％ 误差时，因其基础较大也会对强度检测的实际情况造成影响。

4. 检测方法

采用回弹法检测混凝土强度时，宜具有下列基本资料：

（1）工程名称、设计单位、施工单位；

（2）构件名称、数量及混凝土类型、强度等级；

（3）水泥安定性、外加剂、掺合料品种，混凝土配合比等；

（4）施工模板，混凝土浇筑、养护情况及浇筑日期等；

（5）必要的设计图纸和施工记录；

（6）检测原因。

回弹仪在检测前后，均在钢砧板上做率定试验，并应符合相关规范和标准的要求。

对单个构件进行检测时，测区选择应符合以下要求：

（1）应在构件上均匀布置测区，对于一般构件，测区数量不宜少于 10 个。当受检测构件数量大于 30 个且不需要提供单个构件推定强度或受检构件某一方向尺寸不大于 4.5m，且另一方向尺寸不大于 0.3m 时，作为是否需要 10 个测区数的界限，受检构件混凝土质量较均匀时，每个构件的测区数量可适当减少，但不应少于 5 个。

（2）相邻两个测区的间距不应大于 2m，测区离构件端部或施工缝边缘的距离不宜大于 0.5m，且不宜小于 0.2m。

（3）测区宜选在能使回弹仪处于水平方向的混凝土浇筑侧面。当不能满足这一要求时，也可选在使回弹仪处于非水平方向的混凝土浇筑表面或底面。

（4）测区宜布置在构件的两个对称的可测面上，当不能布置在对称的可测面上时，也可布置在同一可测面上，且应均匀分布。在构件的重要部位及薄弱部位应布置测区，并应避开预埋件。

（5）测区的面积不宜大于 0.04m²。

（6）测区表面应为混凝土原浆面，并应清洁、平整，不应有输送层、浮浆、油垢、涂层以及蜂窝、麻面。

（7）对于弹击时产生颤动的薄壁、小型构件，应进行固定。

对于混凝土生产工艺、强度等级相同，原材料、配合比、养护条件基本一致且龄期相近的一批同类构件的检测应采用批量检测。按批量进行检测时，应随机抽取构件，抽检数量不宜少于同批构件总数的 30%且不宜少于 10 件。抽样应严格遵守"随机"的原则，并宜由建设单位、监理单位、施工单位会同检测单位共同商定抽样的范围、数量和方法。当检验批构件数量大于 30 个时，抽样构件数量可以适当调整，抽检构件数量可参照《建筑结构检测技术标准》（GB/T 50344—2019）进行适当调整，并不得少于国家现行有关标准规定的最少抽样数量。

测区应有清晰的编号，并宜在记录纸上绘制测区布置示意图和描述外观质量情况。

测量回弹值时，回弹仪的轴线应始终垂直于混凝土检测面，并应缓慢施压、准确读数、快速复位。每一测区应读取 16 个回弹值，每一测点的回弹值读数应精确至 1。测点宜在测区范围内均匀分布，相邻两测点的净距离不宜小于 20mm；测点距外露钢筋、预埋件的距离不宜小于 30mm；测点不应在气孔或外露石子上，同一测点应只弹击一次。

回弹值测量完成后，应在具有代表性的测区上测量碳化深度值，测点数量不应少于构件测区数的 30%，应取其平均值作为该构件每个测区的碳化深度值。当碳化深度值极差大于 2.0mm 时，应在每一测区分别测量碳化深度值。

碳化深度值的测量应符合下列规定：

（1）可采用工具在测区表面形成直接约 15mm 的孔洞，其深度应大于混凝土的碳化深度；

（2）应清除孔洞中的粉末和碎屑，且不得用水擦洗；

（3）应采用浓度为1‰～2‰的酚酞酒精溶液滴在孔洞内壁的边缘处，当碳化与未碳化界限清晰时，应采用碳化深度测量仪测量已碳化与未碳化混凝土交界面到混凝土表面的垂直距离，并应测量3次，每次读数应精确至0.25mm；

（4）应取3次测量的平均值作为检测结果，并应精确至0.5mm。

5. 回弹值的计算

计算测区平均回弹值时，应从该测区的16个回弹值中剔除3个最大值和3个最小值，其余的10个回弹值应按下式计算：

$$R_{\mathrm{m}} = \frac{\sum\limits_{i=1}^{10} R_i}{10}$$

式中　R_{m}——测区平均回弹值，精确至0.1；

　　　R_i——第 i 个测点的回弹值。

6. 回弹值的修正

非水平方向检测混凝土浇筑侧面时，测区的平均回弹值应按下式修正：

$$R_{\mathrm{m}} = R_{\mathrm{m}\alpha} + R_{\mathrm{a}\alpha}$$

式中　$R_{\mathrm{m}\alpha}$——非水平方向检测时测区的平均回弹值，精确至0.1；

　　　$R_{\mathrm{a}\alpha}$——非水平方向检测时回弹值修正值，应按表6-2取值。

表 6-2　　　　　　　　　　回弹仪非水平方向检测修正值 $R_{\mathrm{a}\alpha}$

R_{m}	检测角度							
	回弹仪向上				回弹仪向下			
	90°	60°	45°	30°	−30°	−45°	−60°	−90°
20	−6.0	−5.0	−4.0	−3.0	+2.5	+3.0	+3.5	+4.0
30	−5.0	−4.0	−3.5	−2.5	+2.0	+2.5	+3.0	+3.5
40	−4.0	−3.5	−3.0	−2.0	+1.5	+2.0	+2.5	+2.0
50	−3.5	−3.0	−2.5	−1.5	+1.0	+1.5	+2.0	+2.5

　　注　R_{m}小于20和大于50时，分别按20和50查表；表中未列入的可按内插法求得，精确至0.1。

水平方向检测混凝土浇筑表面或浇筑底面时，测区的平均回弹值应按下列公式修正：

$$R_{\mathrm{m}} = R_{\mathrm{m}}^{t} + R_{\mathrm{a}}^{t}$$

$$R_{\mathrm{m}} = R_{\mathrm{m}}^{b} + R_{\mathrm{a}}^{b}$$

式中 R_m^t、R_m^b——水平方向检测混凝土浇筑表面、底面时，测区的平均回弹值，精确
至 0.1；

　　 R_a^t、R_a^b——混凝土浇筑表面、底面回弹值的修正值，应按表 6-3 进行取值。

表 6-3　　　　　　　　　　　**不同浇筑面的回弹值修正值**

R_m^t 或 R_m^b	表面修正值 R_a^t	底面修正值 R_a^b
20	+2.5	−3.0
25	+2.0	−2.5
30	+1.5	−2.0
35	+1.0	−1.5
40	+0.5	−1.0
45	0	−0.5
50	0	0

注 1. R_m^t 或 R_m^b 小于 20 或大于 50 时，分别按 20 或 50 查表。

　　 2. 表中未列入相应于 R_m^t 或 R_m^b 的 R_a^t、R_a^b，可采用内插法求得，精确至 0.1。

　　当回弹仪为非水平方向且测试面为混凝土的非浇筑侧面时，应先对回弹值进行角度
修正，并应对修正后的回弹值进行浇筑面修正。

　　7. 碳化深度的计算

　　对于抽检碳化深度的计算，用数理统计方法计算，以平均值作为测区碳化深度。

　　8. 测强曲线

　　结构或构件第 i 个测区混凝土强度换算值，根据每一测区的回弹平均值及碳化深度
值，查阅全国统一测强曲线得出，当有地区测强曲线或专用测强曲线时，混凝土强度换
算值应按地区测强曲线或专用测强曲线换算得到。

　　9. 混凝土强度计算

　　对于没有可以利用的地区和专用混凝土回弹测强曲线，测区混凝土强度通过《回弹
法检测混凝土抗压强度技术规程》（JGJ/T 23—2011）附录中所提供的"测区混凝土强
度换算表"计算。

　　构件的测区混凝土强度平均值应根据各测区的混凝土强度换算值计算。当测区数为
10 个及以上时，应计算强度标准差。

　　构件的混凝土强度推定值是指相当于强度换算值总体分部中保证率不低于 95％ 的构
件中混凝土抗压强度值。

　　构件的现龄期混凝土强度推定值 $f_\mathrm{cu,e}$ 计算如下：

　　当构件测区数量少于 10 个时，按下式计算：

$$f_{cu,e} = f^c_{cu,min}$$

式中 $f^c_{cu,min}$——构件中最小的测区混凝土强度换算值。

当构件的测区强度值中出现小于 10MPa 时，按下式计算：

$$f_{cu,e} < 10.0MPa$$

当构件测区数量不少于 10 个时，按下式计算：

$$f_{cu,e} = m_{f^c_{cu}} - kS_{f^c_{cu}}$$

式中 k——推定系数，宜取 1.645，当需要进行推定强度区间时，可按国家现行有关标准的规定取值；

$S_{f^c_{cu}}$——结构或构件测区混凝土强度换算值的标准差，MPa，精确至 0.01MPa；

$m_{f^c_{cu}}$——测区混凝土强度换算值的平均值，MPa，精确至 0.1MPa。

对于按批量检测的构件，当该批构件混凝土强度标准差出现下列情况之一时，该批构件应全部按单个构件检测：

（1）当该批构件混凝土强度平均值小于 25MPa，$S_{f^c_{cu}}$ 大于 4.5MPa 时；

（2）当该批构件混凝土强度平均值不小于 25MPa 且不大于 60MPa，$S_{f^c_{cu}}$ 大于 5.5MPa 时。

当检测条件与测强曲线的适用条件有较大差异时，可采用同条件试块或钻取混凝土芯样进行修正，试件或钻取芯样数量不应少于 6 个。计算时，测区混凝土强度换算值应乘以修正系数，修正系数应按下列公式计算：

$$\eta = \frac{1}{n} \sum_{i=1}^{n} f_{cu,i} / f^c_{cu,i}$$

或

$$\eta = \frac{1}{n} \sum_{i=1}^{n} f_{cor,i} / f^c_{cu,i}$$

式中 η——修正系数，精确到 0.01；

$f_{cu,i}$——第 i 个混凝土立方体试件（边长为 150mm）的抗压强度值，精确到 0.1MPa；

$f_{cor,i}$——第 i 个混凝土芯样试件的抗压强度值，精确到 0.1MPa；

$f^c_{cu,i}$——对应于第 i 个试样或芯样部位回弹值和碳化深度值的混凝土强度换算值；

n——试件数。

6.3.2 超声波法

超声波法可以检测混凝土强度，也可以检测混凝土裂缝、混凝土均匀性、混凝土结合面质量等。

1. 检测原理和特点

（1）检测原理。超声波法是指利用超声波的传播特性来评价混凝土的抗压强度。采用带波形显示的低频超声波检测仪和频率为 20～250kHz 的声波换能器，测量混凝土的声波、振幅和主频等声学参数，并根据这些参数及其相对变化分析判断混凝土缺陷。

超声波在混凝土中传播时，其纵波速度的平方与混凝土的弹性模量成正比，与混凝土的密度成反比。声波振幅随其传播距离的增大而减弱，声波遇到空洞、裂缝时，界面产生波的折射、反射，边缘产生波的绕射，使接收的声波振幅减小，传播时间增长，产生畸形波等。根据特征判断混凝土的强度和质量。

（2）特点。超声波检测可以利用单一声速参数推定混凝土的强度，具有重复性好的优点。在混凝土中，水泥石的强度及其与集料的黏结能力对混凝土的强度起决定作用。但水泥石所占比例不占绝对优势，导致原料及配比不同时，声速与强度的关系发生明显变化，制约其应用。

2. 系统组成

检测系统包括超声波检测仪和换能器（探头）及耦合剂，如图 6-8 所示。

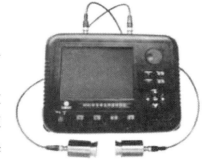

图 6-8　超声波检测系统

超声波检测仪是超声检测的基本装置。它产生重复的电脉冲取激励发射换能器，发射换能器发射的超声波经耦合进入混凝土，在混凝土中传播后被接收换能器接收并转换为电信号，电信号被送至超声波仪，经放大后显示在示波屏上。超声波仪除了产生电脉冲、接收、显示超声波外，还具有测量超声波有关参数（如声传播时间、接收波振幅、频率等）的功能。

目前用于混凝土的超声波检测仪主要分为两类：一类是模拟式，接收信号为连续模拟量，可由时域波形信号测读声学参数；另一类是数字式，接收信号转化为离散数字量，具有采集、储存数字信号、测读声学参数和对数字信号处理的智能化功能。

超声换能器是混凝土超声检测设备的重要组成部分，因为超声波的产生与接收是通过它来实现的。超声换能器的原理是通过声能与电能的相互转换产生和接收超声波的。发射换能器是将电能转化成声能，即产生并发射超声波，超声波在混凝土中传播后，被接收换能器接收并将超声能量转换为电能，转换后的电信号送到主机进行处理。混凝土的超声换能器一般应用压电体材料的压电效应实现电能与声能的相互转换，因此常称为压电换能器。

超声波检测仪的技术要求如下：

（1）超声波检测仪应通过技术鉴定，并必须具有产品合格证；

（2）具有波形清晰、显示稳定的示波装置；

（3）声时最小分度为0.1μs；

（4）具有最小分度为1dB的衰减系统；

（5）接收放大器频响范围为10～500kHz，总增益不小于80dB，接收灵敏度不大于50μV；

（6）电源电压波动范围在标称值±10%的情况下能正常工作；

（7）连续正常工作不少于4h。

对于模拟式超声检测仪还需要满足以下要求：

（1）具有手动游标和自动整形两种声时读数功能。

（2）数字显示稳定。声时调节在20～30μs范围，连续1h，数字变化不大于±0.2μs。

对于数字式超声检测仪还需要满足以下要求：

（1）具有手动游标测读和自动测读方式；当自动测读时，在同一测试条件下，1h内每隔5min测读一次声时的差异应不大于±2个采样点。

（2）波形显示幅度分辨率应不低于1/256，并具有可显示、存储和输出打印数字波形的功能，波形最大存储长度不宜小于4kB。

（3）自动测读方式下，在显示的波形下应有光波指示声时、波幅的测读位置。

（4）宜具有幅度谱分析功能。

换能器的技术要求如下：

（1）常用换能器具有厚度振动方式和径向振动方式两种类型，可根据不同测试需要选用。

（2）厚度振动式换能器的频率宜采用20～250kHz。径向振动式换能器的频率宜采用20～60kHz，直径不宜大于32mm。当接收信号较弱时，宜选用带前置放大器的接收换能器。

（3）换能器的实测主频与标称频率相差应不大于±10%。对于用于水中的换能器，其水密性应在1MPa水压下不渗漏。

3. 检测方法

在进行超声波测试前，应了解设计施工情况，包括构件尺寸配筋、混凝土组成材料、施工方法和龄期等。

超声检测的现场准备及测区布置与回弹法相同。在每个测区相对的两侧面选择呈梅花状的5个测点。对测时，要求两探头的中心同置于一条轴线上。涂于探头与混凝土测面之间的黄油是为了保证两者之间具有可靠的声耦合。测试前，应将仪器预热 10min，并用标准棒调节首波幅度至 30～40mm 后测读声时值作为初读数。实测中，应将探头置于测点并压紧，将接收信号中扣除初读数后即为各测点的实际声时值。

4. 声速计算值及修正

取各测区 5 个声时值中 3 个中间值的算术平均值作为测区声时值 t_m（μs），则测区声速值为

$$v = \frac{l}{t_m}$$

式中 l——超声波传播距离（测距），可用钢尺直接在构件上量测，mm；

v——测区声速，km/s，精确到 0.01km/s；

t_m——测区内 3 对测点的声时平均值，μs。

对侧修正：在顶面和底面测试时，声速按 $v_a = \beta v$，一般取 β 为 1.034。

平测修正：顶面平测时，β 取 1.05；底面平测时，β 取 0.95。

角测修正：没有统一的修正系数，一般通过现场测试得出对侧与角测的校正系数。

5. 强度推定

各测区的超声波声速检测值，采用专用或地区测强曲线推定混凝土强度值。

当按单个构件检测时，单个构件的混凝土强度推定值取该构件各测区中最小的混凝土强度换算值。

当按批抽样检测时，该批构件的混凝土强度推测值按下列公式计算：

$$f_{cu} = m_{f_{cu}^c} - 1.645 S_{f_{cu}^c}$$

$$m_{f_{cu}^c} = \frac{1}{n} \sum_{i=1}^{n} f_{cu}^c$$

$$S_{f_{cu}^c} = \sqrt{\frac{1}{n-1} \left[\sum_{i=1}^{n} (f_{cu}^c)^2 - n (m_{f_{cu}^c})^2 \right]}$$

式中 f_{cu}——该批构件混凝土强度推定值，MPa；

f_{cu}^c——各测区混凝土强度换算值，MPa；

n——测区数量；

$m_{f_{cu}^c}$、$S_{f_{cu}^c}$——各测区混凝土强度换算值的平均值和标准差。

当同批测区混凝土强度换算值标准差过大时，该批构件的混凝土强度推定值也可以按下式计算：

$$f_{cu} = m_{f_{cu,min}^c} = \frac{1}{m} \sum_{i=1}^{n} f_{cu,min}^c$$

式中 $m_{f_{cu,min}^c}$——该批每个构件中最小的测区混凝土强度换算值的平均值，MPa；

$f_{cu,min}^c$——第 i 个构件中的最小测区混凝土强度换算值，MPa；

m——该批中抽取的构件数。

当同批构件按批抽样检测时，若全部测区强度的标准差出现下列情况时，则该批全部按单个构件检测：当混凝土强度等级低于或等于 C20 时，$S_{f_{cu}^c} > 2.45$MPa；混凝土强度等级高于 C20 时，$Sf_{cu}^c > 5.5$MPa。

6.3.3 超声回弹综合法

综合法就是采用两种或两种以上的单一方法或参数（力学的、物理的、声学的等）联合测试混凝土强度的方法。通过无损检测方法获取多种物理参数，并建立强度与多相物理参数的综合相关关系，以便从不同角度综合评价混凝土的强度。目前综合法主要是超声回弹综合法。超声回弹综合法通过测定混凝土的超声波声速值和回弹值检测混凝土的强度。

超声法和回弹法，是根据混凝土的两个不同性质来检测混凝土强度的，超声法是依据混凝土的密度，回弹法是依据混凝土的表面硬度。回弹值反映了混凝土的表层情况，而声速值反映了材料的弹性性质，不能全面反映混凝土强度涉及的多种材料指标。

超声回弹综合法是 20 世纪 60 年代研究开发出来的一种无损检测方法。该方法采用回弹仪和混凝土超声检测仪，在结构混凝土同一测区，测量反映混凝土表面硬度的回弹值 R，并测量超声波穿透试件内部的声速值 v，然后用已建立起来的测强公式综合推定该测区混凝土抗压强度，综合回弹和超声两者的优点，能比较全面地反映结构混凝土的实际质量。

实践证明，与单一方法比较，超声回弹综合法具备测试精度高、适用范围广的特点，受到工程界的广泛认可，已在我国建工、市政、铁路、公路系统广泛应用。

1. 检测仪器

采用带波形显示器的低频超声波检测仪，并配置频率为 50～100kHz 的换能器，测量混凝土中的超声波声速值；结合采用标准能量为 2.207J 的混凝土回弹仪测量回弹值。

（1）回弹仪。回弹仪可为指针直读式的，也可为数字式的。回弹仪应具有产品合格证、计量检定或校准证书，并应在回弹仪的明显位置上有名称、型号、制造商（或商标）、出厂编号、出厂日期等标识。

回弹仪除应符合《回弹仪》（GB/T 9138—2015）的规定外，尚应符合下列标准状态下的规定：水平弹击时，弹击锤脱钩的瞬间，回弹仪的标准能量应为 2.207J；弹击锤与弹击杆碰撞的瞬间，弹击拉簧应处于自由状态，且弹击锤起跳点应位于指针指示刻度尺上的"0"处；在洛氏硬度 HRC 为 60±2 的钢砧上，回弹仪的率定值应为 80±2；数字式回弹仪应带有指针直读示值系统，数字显示的回弹值与指针直读示值相差不应超过 1。

回弹仪使用时，环境温度应为－4～40℃。

（2）超声波检测仪。混凝土超声波检测仪应符合《混凝土超声波检测仪》（JG/T 5004）的规定，并在计量检定有效期内使用。混凝土超声波检测仪应通过技术鉴定，必须具有产品合格证、检定或校准证书。

混凝土超声波检测仪宜为数字式，且满足以下功能要求：①能对接收的超声波波形进行数字化采集和存储；②具有波形显示清晰、稳定的示波装置；③具备手动游标测读和自动测读两种声参量测读功能，且自动测读时可以标记出声时、幅度的测读位置；④具备对各测点的波形和测读的声参量进行存储功能；具备利用测读的声参量和回弹值，依据本规程进行数据处理及结果存储的功能。

所采用的数字式混凝土超声波检测仪应满足下列性能指标要求：声时测量范围不小于 0.1～999.9μs，声时分辨力为 0.1μs，实测空气声速的相对测量误差不大于±0.5%；在 1h 内每 5min 测读一次的声时最大允许误差不超过±0.2μs；幅度测量范围不小于 80dB；幅度分辨力为 1dB；仪器的信号接收系统的频带宽度不小于 10～250kHz；信噪比 3∶1 时，接收灵敏度不大于 50μV。

混凝土超声波检测仪应满足下列使用条件：环境温度应为 0～40℃；空气相对湿度不大于 80% 时能正常工作；电源电压波动范围在标称值±10% 情况下能正常工作；连续正常工作时间不少于 4h。

（3）换能器。大量模拟试验表明，由于超声脉冲波的频散效应，采用不同频率换能器测量的混凝土中声速有所不同，且声速有随换能器频率增高而增大的趋势。当换能器工作频率为 50～100kHz 时，所测声速偏差较小。因此，换能器的工作频率宜在 50～100kHz 范围内。

换能器的实测主频与标称频率相差不应超过±10%。

2. 测点布置

检测结构或构件混凝土强度时宜具有的必要资料：①工程名称及建设、勘察、设计、施工、监理、委托单位名称；②结构或构件名称、设计图纸和混凝土设计强度等级；③水泥的安定性、品种规格、强度等级和用量；④砂石的品种、粒径；⑤外加剂或掺合料的品种、掺量；⑥混凝土配合比和拌合物坍落度等；⑦模板类型，混凝土浇筑情况、养护情况、成型日期和当日气象温湿度等；⑧结构或构件的试块混凝土强度测试资料及相关的施工技术资料；⑨结构或构件存在的质量问题或检测原因。

构件检测时，应在构件检测面上均匀布置测区，每个构件上测区数量不应少于 10 个；同批构件按批抽样检测时，构件抽样数不应少于同批构件的 30%，且不应少于 10 件；对一般施工质量的检测和结构性能的检测，可按照《建筑结构检测技术标准》（GB/

T 50344—2019）的规定抽样，如表 6-4 所示。对某一方向尺寸不大于 4.5m，且另一方向尺寸不大于 0.3m 的构件，其测区数量可适当减少，但不应少于 5 个。

表 6-4　　　　　　　　　　　　抽样检验的最小样本容量

检测批容量	检测类别和样本最小容量			检测批容量	检测类别和样本最小容量		
	A	B	C		A	B	C
3～8	2	2	3	281～500	20	50	80
9～15	2	3	5	501～1200	32	80	125
16～25	3	5	8	1201～3200	50	125	200
26～50	5	8	13	3201～10 000	80	200	315
51～90	5	13	20	10 001～35 000	125	315	500
91～150	8	20	32	35 001～150 000	200	500	800
151～280	13	32	50	150 001～500 000	315	800	1250

构件的测区布置，在条件允许时，测区宜优先布置在构件混凝土浇筑方向的侧面；测区可在构件的两个对应面、相邻面或同一面上布置；测区宜均匀布置，相邻两测区的间距不宜大于 2m；测区应避开钢筋密集区和预埋件；测区尺寸宜为 200mm×200mm；测试面应清洁、平整、干燥，不应有接缝、施工缝、饰面层、浮浆和油垢，并应避开蜂窝、麻面部位。必要时，可用砂轮片清除杂物和磨平不平整处，并擦净残留粉尘；对测试时可能产生颤动的薄壁、小型构件，应进行固定。

测点在测区范围内宜均匀布置，但不得布置在气孔或外露石子上。相邻两测点的间距不宜小于 20mm；测点距构件边缘、外露钢筋或预埋件的距离不宜小于 30mm。

3. 回弹测试及回弹值计算

对每一测区应先进行回弹测试，后进行超声测试。

回弹测试时，回弹仪的轴线应始终保持垂直于混凝土测试面，缓慢施压，准确读数，快速复位。宜首先选择混凝土浇筑方向的侧面进行水平方向测试。如不具备浇筑方向侧面水平测试的条件，可采用非水平状态测试，或测试混凝土浇筑的顶面或底面。

超声对测或角测时，回弹测试应在构件测区内超声波的发射面和接收面各测读 5 个回弹值。超声平测时，回弹测试应在超声的发射测点和接收测点之间测读 10 个回弹值。每一测点的回弹值，测读精确度至 1，且同一测点只允许弹击一次。

测区回弹代表值应从该测区的 10 个回弹值中剔除 1 个最大值和 1 个最小值，用剩余 8 个有效回弹值按下列公式计算：

$$R = \frac{1}{8}\sum_{i=1}^{8} R_i$$

式中　R——测区回弹代表值，精确至 0.1；

R_i——第 i 个测点的有效回弹值。

非水平状态下测得的回弹值，应按下列公式修正：

$$R_a = R + R_{a\alpha}$$

式中　R_a——修正后的测区回弹代表值；

$R_{a\alpha}$——测试角度为 α 时的测区回弹修正值，按表 6-5 的规定采用。

表 6-5　　　　　　　　　　非水平状态下测试时的回弹修正值 $R_{a\alpha}$

$R_{a\alpha}$		测试角度 α							
		回弹仪向上				回弹仪向下			
		$+90°$	$+60°$	$+45°$	$+30°$	$-30°$	$-45°$	$-60°$	$-90°$
R	20	-6.0	-5.0	-4.0	-3.0	$+2.5$	$+3.0$	$+3.5$	$+4.0$
	25	-5.5	-4.5	-3.8	-2.8	$+2.3$	$+2.8$	$+3.3$	$+3.8$
	30	-5.0	-4.0	-3.5	-2.5	$+2.0$	$+2.5$	$+3.0$	$+3.5$
	35	-4.5	-3.8	-3.3	-2.3	$+1.8$	$+2.3$	$+2.8$	$+3.3$
	40	-4.0	-3.5	-3.0	-2.0	$+1.5$	$+2.0$	$+2.5$	$+3.0$
	45	-3.8	-3.3	-2.8	-1.8	$+1.3$	$+1.8$	$+2.3$	$+2.8$
	50	-3.5	-3.0	-2.5	-1.5	$+1.0$	$+1.5$	$+2.0$	$+2.5$

注　1. 当测试角度等于 0°时，修正值为 0；R 小于 20 或大于 50 时，分别按 20 或 50 查表。

　　2. 表中未列数值，可采用内插法求得，精确至 0.1。

在混凝土浇筑的顶面或底面测得的回弹值，应按下列公式修正：

$$R_a = R + R_a^t$$

$$R_a = R + R_a^b$$

式中　R_a^t——测量混凝土浇筑表面时的测区回弹修正值，按表 6-6 的规定采用；

R_a^b——测量混凝土浇筑底面时的测区回弹修正值，按表 6-6 的规定采用。

表 6-6　　　　　　　　　浇筑顶面或底面时的回弹修正值 R_a^t、R_a^b

R 或 R_a	测 试 面	
	表面 R_a^t	底面 R_a^b
20	$+2.5$	-3.0
25	$+2.0$	-2.5
30	$+1.5$	-2.0
35	$+1.0$	-1.5
40	$+0.5$	-1.0
45	0	-0.5
50	0	0

注　1. 在侧面测试时，修正值为 0；R 小于 20 或大于 50 时，分别按 20 或 50 查表。

　　2. 当先进行角度修正时，采用修正后的回弹代表值 R_a。

　　3. 表中未列数值，可采用内插法求得，精确至 0.1。

测试时回弹仪处于非水平状态，同时测试面又非混凝土浇筑方向的侧面，则应对测得的回弹值先进行角度修正，然后对角度修正后的值再进行表面或底面修正。

4. 超声测试及声速值计算

超声测点应布置在回弹测试的同一测区内，每一测区布置 3 个测点。超声测试宜优先采用对测，当被测构件不具备对测条件时，可采用角测或平测。

检测时，应在混凝土超声波检测仪上配置满足要求的换能器和高频电缆；换能器辐射面应与混凝土测试面良好耦合；应先测定声时初读数 t_0，再进行声时测量，读数应精确至 $0.1\mu s$；超声测距测量应精确至 $1.0mm$，且测量误差为 $\pm 1\%$；检测过程中如更换换能器或高频电缆，应重新测定声时初读数 t_0；声速计算值应精确至 $0.01km/s$。

当在混凝土浇筑方向的侧面对测时，测区混凝土中声速代表值应根据该测区中 3 个测点的混凝土中声速值，按下列公式计算：

$$v_d = \frac{1}{3}\sum_{i=1}^{3}\frac{l_i}{t_i - t_0}$$

式中　v_d——对测测区混凝土中声速代表值，km/s；

　　　l_i——第 i 个测点的超声测距，mm；

　　　t_i——第 i 个测点的声时读数，μs；

　　　t_0——声时初读数，μs。

当在混凝土浇筑的表面或底面对测时，测区声速代表值应按下列公式修正：

$$v_a = \beta \cdot v_d$$

式中　v_a——修正后的测区混凝土中声速代表值，km/s；

　　　β——超声测试面的声速修正系数，取 1.034。

5. 混凝土抗压强度推定

（1）混凝土抗压强度换算值。混凝土抗压强度换算值优先可以采用专用测强曲线、地区测强曲线或全国测强曲线计算。当无专用或地区测强曲线时，按《超声回弹综合法检测混凝土抗压强度技术规程》（T/CECS 02—2020）进行验证后，可按规范给出的测区混凝土抗压强度换算表换算，或可按全国统一测区混凝土抗压强度换算公式计算：

$$f^c_{cu,i} = 0.028\ 6v_{ai}^{1.999}R_{ai}^{1.155}$$

式中　$f^c_{cu,i}$——第 i 个测区混凝土抗压强度换算值，MPa，精确至 0.1MPa；

　　　R_{ai}——第 i 个测区修正后的测区回弹代表值；

　　　v_{ai}——第 i 个测区修正后的测区声速代表值。

当结构或构件所采用的材料及其龄期与制定测强曲线所采用的材料及其龄期有较大差异时，可采用在构件上钻取的混凝土芯样或同条件立方体试块对测区混凝土强度换算值进行修正。

混凝土芯样修正时，芯样数量不应少于 4 个，公称直径宜为 100mm，高径比应为 1。芯样应在测区内钻取，每个芯样应只加工一个试件，并应符合《钻芯法检测混凝土强度技术规程》（JGJ/T 384）的有关规定。

同条件试块修正时，试块数量不应少于 4 个，试块边长应为 150mm，并应符合《混凝土物理力学性能试验方法标准》（GB/T 50081）的有关规定。

测区混凝土强度修正量按下列公式计算：

$$\Delta_{tot} = f_{cor,m} - f_{cu,m0}^c$$

$$\Delta_{tot} = f_{cu,m} - f_{cu,m0}^c$$

$$f_{cor,m} = \frac{1}{n}\sum_{i=1}^{n} f_{cor,i}$$

$$f_{cu,m} = \frac{1}{n}\sum_{i=1}^{n} f_{cu,i}$$

$$f_{cu,m0}^c = \frac{1}{n}\sum_{i=1}^{n} f_{cu,i}^c$$

式中　Δ_{tot}——测区混凝土抗压强度修正量，MPa，精确至 0.1MPa；

　　$f_{cor,m}$——芯样试件混凝土抗压强度平均值，MPa，精确至 0.1MPa；

　　$f_{cu,m}$——同条件立方体试件混凝土抗压强度平均值，MPa，精确至 0.1MPa；

　　$f_{cu,m0}^c$——对应于芯样部位或同条件立方体试件测区混凝土抗压强度换算值的平均值，MPa，精确至 0.1MPa；

　　$f_{cor,i}$——第 i 个混凝土芯样试件的抗压强度；

　　$f_{cu,i}$——第 i 个混凝土同条件立方体试件的抗压强度；

　　$f_{cu,i}^c$——对应于第 i 个芯样部位或同条件立方体试件测区回弹值和声速值的混凝土抗压强度换算值，可按《超声回弹综合法检测混凝土抗压强度技术规程》（T/CECS 02—2020）规定取值；

　　n——芯样或试块数量。

测区混凝土强度换算值的修正应按下式计算：

$$f_{cu,i1}^c = f_{cu,i0}^c + \Delta_{tot}$$

式中　$f_{cu,i0}^c$——第 i 个测区修正前的混凝土强度换算值，MPa，精确至 0.1MPa；

　　$f_{cu,i1}^c$——第 i 个测区修正后的混凝土强度换算值，MPa，精确至 0.1MPa。

（2）混凝土抗压强度推定值。

当结构或构件的测区混凝土抗压强度换算值中出现小于 10.0MPa 的值时，该结构或构件的混凝土抗压强度推定值 $f_{cu,e}$ 取值应小于 10.0MPa。

当结构或构件中测区数少于 10 个时，按下列公式计算：

$$f_{cu,e} = f_{cu,min}^c$$

式中　$f_{cu,min}^c$——构件最小的测区混凝土抗压强度换算值，MPa，精确至 0.1MPa。

当结构或构件中测区数不少于 10 个或按批量检测时，混凝土抗压强度推定值应按下列公式计算：

$$m_{f_{cu}^c} = \frac{1}{n}\sum_{i=1}^{n} f_{cu,i}^c$$

$$s_{f_{cu}^c} = \sqrt{\frac{\sum_{i=1}^{n}(f_{cu,i}^c)^2 - n(m_{f_{cu}^c})^2}{n-1}}$$

$$f_{cu,e} = m_{f_{cu}^c} - 1.645 S_{f_{cu}^c}$$

式中　$f_{cu,i}^c$——第 i 个测区的混凝土抗压强度换算值，MPa，精确至 0.1MPa。

　　　　$m_{f_{cu}^c}$——测区混凝土抗压强度换算值的平均值，MPa，精确至 0.1MPa。

　　　　$S_{f_{cu}^c}$——测区混凝土抗压强度换算值的标准差，MPa，精确至 0.01MPa。

　　　　n——测区数。对于单个检测的构件，取该构件的测区数；对批量检测的构件，取所有被抽检构件测区数之总和。

对按批量检测的构件，该批构件的测区混凝土抗压强度换算值的平均值 $m_{f_{cu}^c} < 25.0$MPa，测区混凝土抗压强度换算值的标准差 $S_{f_{cu}^c} > 4.50$MPa；该批构件的测区混凝土抗压强度换算值的平均值 25.0MPa $\leqslant m_{f_{cu}^c} \leqslant 50$MPa，测区混凝土抗压强度换算值的标准差 $S_{f_{cu}^c} > 5.50$MPa；该批构件的测区混凝土抗压强度换算值的平均值 $m_{f_{cu}^c} > 50.0$MPa，测区混凝土抗压强度换算值的标准差 $S_{f_{cu}^c} > 6.50$MPa。当该批构件的测区混凝土抗压强度标准差出现以上情况之一时，该批构件应全部按单个构件进行强度推定。

6.3.4　里氏硬度法

对于钢筋和螺栓抗拉强度的检测可采用里氏硬度法。基本原理是具有一定质量的冲击体在一定的试验力作用下冲击试样表面，测量冲击体距试样表面 1mm 处的冲击速度与回跳速度，利用电磁原理，感应电压与速度成正比的电压。

便携式里氏硬度计如图 6-9 所示。

硬度计能在下列条件下正常工作：

（1）环境温度 0～40℃；

（2）相对湿度不大于 90%；

（3）周围环境无振动、无强烈磁场、无腐蚀性介质。

图 6-9　便携式里氏硬度计

试样的试验面最好是平面，试验面应具有金属光泽，不应有氧化皮及其他污物，试样的粗糙度、厚度、表面曲率应符合《金属材料里氏硬度试验方法》（GB/T 17394—2014）的要求。

试验前应使用相应的标准硬度块对里氏硬度计进行检验。

试验要求在检测时清除混凝土保护层，暴露钢筋〔具体长度参见规范要求（GB/T 17394、GB/T 50344）〕，且对钢筋表面进行打磨，具体按以下程序进行：

1）向下推动加载套或用其他方式锁住冲击体；

2）将冲击装置支撑环紧压在试样表面上，冲击方向应与试验面垂直；

3）平稳地按动冲击装置释放钮；

4）读取硬度示值。

钢筋的里氏硬度的计算公式如下：

$$HL = 1000 \frac{v_R}{v_A}$$

式中　HL——里氏硬度；

　　　v_R——冲击体回弹速度，m/s；

　　　v_A——冲击体冲击速度，m/s。

试验时，冲击装置尽可能垂直向下，对于其他冲击方向测定的硬度值，如果硬度计没有修正功能，应按表 6-7 进行修正。

表 6-7　　　　　　　　　　　非垂直向下检测的里氏硬度修正值

里氏硬度（HL）	↘	→	↗	↑	里氏硬度（HL）	↘	→	↗	↑
200	−7	−14	−23	−33	550	−4	−9	−15	−20
250	−6	−13	−22	−31	600	−4	−8	−14	−19
300	−6	−12	−20	−27	650	−4	−8	−14	−18
350	−6	−12	−19	−27	700	−3	−7	−12	−17
400	−5	−11	−18	−25	750	−3	−7	−11	−16
450	−5	−10	−17	−24	800	−3	−6	−10	−15
500	−5	−10	−16	−22	850	−2	−5	−9	−14

对于需要耦合的试样，试验面应与支承台面平行，试样背面和支承台面必须平坦光滑，在耦合的平面上涂以适量的耦合剂，使试样与支承台在垂直耦合面的方向上成为承受压力的刚性整体。试验时，冲击方向必须垂直于耦合平面。建议用凡士林作为耦合剂。试样的每个测量部位一般进行五次试验。数据分散不应超过平均值的±15HL。任意两压痕中心之间距离或任一压痕中心距试样边缘距离应符合表 6-8 规定。

表 6-8	冲击装置分类	
冲击装置类型	两压痕中心间距	压痕中心距式试样边缘距离
	（mm）	（mm）
D，DC 型	≥3	≥5
G 型	≥4	≥8
C 型	≥2	≥4

另外，试验时应注意，里氏硬度计不应在强烈振动、严重粉尘、腐蚀性气体或强磁场的场合使用。

6.4 微损检测技术

6.4.1 拔出法

拔出法是一种介于钻芯法与无损检测之间的检测方法。通过拉拔安装在混凝土中的锚固件，测定极限拔出力，并根据预先建立的极限拔出力与混凝土抗压强度之间的相对关系推定混凝土抗压强度的检测方法。拔出法包括后装拔出法和预埋拔出法。

后装拔出法是在已硬化的混凝土表面钻孔、磨槽、嵌入锚固件并安装拔出仪进行拔出法检测，测定极限拔出力，并根据预先建立的极限拔出力与混凝土抗压强度之间的相关关系推定混凝土抗压强度的检测方法。后装拔出法在已硬化的新旧混凝土的各种构件上都可以使用，特别是现场缺少混凝土强度的有关实验资料时，是非常有价值的一种检测方法。

预埋拔出法是对预先埋置在混凝土中的锚盘进行拉拔，测定极限拔出力，并根据预先建立的极限拔出力与混凝土抗压强度之间的相关关系推定混凝土抗压强度的检测方法。

1. 检测装置

拔出法检测装置由钻孔机、磨槽机、锚固件及拔出仪等组成。可采用圆环式拔出仪或三点式拔出仪。圆环式后装拔出法检测装置如图 6-10 所示，三点式后装拔出法检测装置如图 6-11 所示。

当混凝土粗骨料最大粒径不大于 40mm 时，宜优先采用圆环式拔出法检测装置。

拔出仪由加荷装置、测力装置及反力支承 3 部分组成。测试最大拔出力宜为额定拔出力的 20%～80%；圆环式拔出仪的拉杆及胀簧材料极限抗拉强度不应小于 2100MPa；工作行程对于圆环式拔出法检测装置不应小于 4mm；对于三点式拔出法检测装置不应小

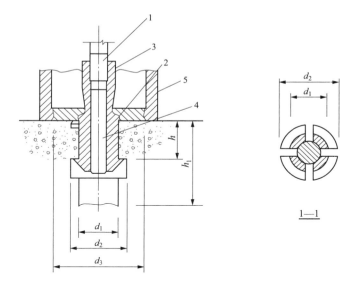

图 6-10　圆环式后装拔出法检测装置

1—拉杆；2—对中圆盘；3—胀簧；4—胀杆；5—反力支承；

d_1—拉杆直径；d_2—锚盘直径；d_3—反力支承内径

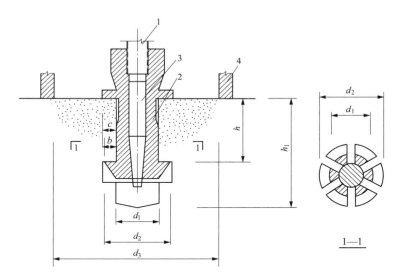

图 6-11　三点式后装拔出法检测装置

1—拉杆；2—胀簧；3—胀杆；4—反力支承；d_1—钻孔直径；

d_2—锚盘直径；d_3—反力支承内径

于 6mm；允许示值误差为±2%F.S（full scale 缩写，满量程）；测力装置应具有峰值保持功能。

　　钻孔机宜采用金刚石薄壁空心钻，带有控制垂直度及深度的装置。

拔出检测前，应检查钻孔机、磨槽机、拔出仪的工作状态是否正常，钻头、磨头、锚固件的规格、尺寸是否满足成功要求。

2. 测点布置

结构或构件的混凝土强度按单个构件检测或同批构件按批抽样检测。

按单个构件检测时，应在构件上均匀布置 3 个测点。当 3 个拔出力中的最大拔出力和最小拔出力与中间值之间的绝对值均小于中间值的 15％，仅布置 3 个测点即可；当最大拔出力或最小拔出力与中间值之差的绝对值大于中间值的 15％（包括两者均大于中间值的 15％）时，应在最小拔出力测点附近再加测 2 个测点。

当同批构件按批抽样检测时，抽检数量应符合《建筑结构检测技术标准》（GB/T 50344—2019）的有关规定，每个构件宜布置 1 个测点，且最小样本容量不宜少于 15 个。

测点宜布置在构件混凝土成型的侧面，如不能满足，可布置在混凝土浇筑面。

在构件的受力较大或薄弱部位应布置测点，相邻两测点的间距不应小于 250mm；当采用圆环式拔出仪时，测点距构件边缘不应小于 100mm；当采用三点式拔出仪时，测点距构件边缘不应小于 150mm；测试部位的混凝土厚度不宜小于 80mm。

测点应避开接缝、蜂窝、麻面部位以及钢筋和预埋件。

3. 钻孔与磨槽

钻孔时，钻头应始终与混凝土测试面保持垂直，垂直度偏差不应大于 3°。当混凝土表面不平时，可以用手磨机磨平。在混凝土孔壁磨环形槽时，磨槽机的定位圆盘应始终紧靠混凝土测试面回转，磨出的环形槽形状应规整。

在环形孔中距孔口 25mm 处磨切一槽，槽深 3.6～4.5mm，采用由电动机、专用磨头及水冷却装置组成的专用磨槽机，并且由控制深度和垂直度的装置，磨槽时，磨槽机沿孔壁运动磨头，以便对孔壁进行磨切。

4. 安装锚固件

将胀簧插入成型孔内，通过胀杆使弹簧锚固台阶完全嵌入环形槽内，保证锚固可靠。拔出仪与锚固件用拉杆连接对中，并与混凝土表面垂直。

5. 拔出试验

对锚固件施加拔出力，应连续均匀，其速度控制在 0.5～1.0kN/s。将荷载加至混凝土开裂破坏，测力显示器读数不再增长为止，精确至 0.1kN。

6. 注意事项

对结构或构件进行检测时，应采取有效措施防止拔出仪及机具脱落摔坏或伤人。当拔出试验出现异常时，应做详细记录，并将值舍去，在其附近补测一个测点。拔出试验后，应对拔出试验造成的混凝土破损部位进行修补。

7. 混凝土强度换算

混凝土强度换算值按下式计算：

后装拔出法（圆环式）：$f_{cu}^c = 1.55F + 2.35$。

后装拔出法（三点式）：$f_{cu}^c = 2.76F - 11.54$。

预埋拔出法（圆环式）：$f_{cu}^c = 1.28F - 0.64$。

式中　f_{cu}^c——混凝土强度换算值，MPa，精确至 0.1MPa；

$\quad\quad$ F——拔出力代表值，kN，精确至 0.1kN。

如果有地区测强曲线或专用测强曲线时，按地区测强曲线或专用测强曲线计算。

8. 混凝土强度推定

（1）单个构件的混凝土强度推定。单个构件的拔出力，按下列规定取值：

当构件 3 个拔出力中的最大和最小拔出力与中间值之差的绝对值均小于中间值的 15% 时，取最小值作为该构件拔出力；当加测时，加测的两个拔出力值和最小拔出力值一起取平均值，再与前一次的拔出力中间值比较，取小值作为该构件拔出力。

将单个构件拔出力计算强度换算值作为单个构件混凝土强度推定值 $f_{cu,e}$：

$$f_{cu,e} = f_{cu}^c$$

（2）抽检构件的混凝土强度推定。将同批构件抽样检测的每个拔出力作为拔出力代表值根据不同的检测方法计算出强度换算值。混凝土强度的推定值按下式计算：

$$f_{cu,e} = m_{f_{cu}^c} - 1.645 S_{f_{cu}^c}$$

$$m_{f_{cu}^c} = \frac{1}{n} \sum_{i=1}^{n} f_{cu,i}^c$$

$$S_{f_{cu}^c} = \sqrt{\frac{\sum_{i=1}^{n} (f_{cu,i}^c - m_{f_{cu}^c})^2}{n-1}}$$

式中　$S_{f_{cu}^c}$——检验批中混凝土强度换算值的标准差，MPa，精确至 0.01MPa；

$\quad\quad$ m——批抽检构件的构件数；

$\quad\quad$ n——批抽检构件的测点总数；

$\quad\quad$ $f_{cu,i}^c$——第 i 个测点混凝土强度换算值，MPa；

$\quad\quad$ $m_{f_{cu}^c}$——抽批检构件混凝土强度换算值的平均值，MPa，精确至 0.01MPa。

（3）特殊情况。对于按批抽样检测的构件，当全部测点的强度标准差或变异系数出现下列情况时，该批构件全部按单个构件进行检测：

当混凝土强度换算值的平均值大于 25MPa 时，$S_{f_{cu}^c}$ 大于 4.5MPa。

当混凝土强度换算值的平均值大于 25MPa 且不大于 50MPa，$S_{f_{cu}^c}$ 大于 5.5MPa。

6.4.2 针贯入法

针贯入法检测混凝土强度，是指用贯入仪将测针贯入已硬化的混凝土中，并测量测针在混凝土中的贯入深度，根据预先建立的贯入深度与混凝土强度之间的关系来检测混凝土强度。《针贯入法检测混凝土强度技术规程》（Q/JY 23—2001）中规定的针贯入仪器贯入力为 1000N，属于低贯入力的贯入仪。检测混凝土强度范围限定在 36.0MPa 以内；同时强调了在对结构或构件的混凝土强度有怀疑时或确认早龄期混凝土强度时，可按规程进行检测，并将检测结果作为对混凝土强度评定的一个主要依据。

各检测位置均要有编号标记。测试部位应清洁、平整、干燥，不应有接缝、饰面层、浮浆以及蜂窝、麻面等；对于不符合要求的测试面，可用磨石清除表面杂物和将不平整处磨平。针贯入法检测混凝土强度的前提是混凝土测试表面与内部质量应一致。因为表面的缺陷会使其检测精度降低，所以表面不符合检测条件时，必须加以处理。

实际工程检测时测区数量不宜太少，否则将不能全面地反映混凝土的质量情况。测区数量不少于 5 个。考虑到预埋件和距混凝土表面较近的钢筋对针贯入值的影响，提出了测点应避开钢筋和预埋件所在位置的要求。相邻两测区的间距不宜大于 2m，测区间距不宜过大的原因是防止漏测构件混凝土的薄弱位置。测区内每两个测点之间的最小距离应大于 40mm，测点之间距离太近会使贯入的测点之间受到扰动，影响测试精度。对于体积小、刚度差或测试部位厚度小于 100mm 的构件，应设置支撑予以可靠固定后方可进行测试。对于薄壁小型构件，如果约束力不够，针贯入时会产生颤动，造成贯入能量损失。每一测点深度只能测量一次，用专用量具测量针贯入深度时，应以磨平的测试面为基准面测量孔的深度。为保证测量有一定的精度，要求测强曲线建立时的量具与实际试验时的量具相同，即表针读数精确至 0.01mm。测针在混凝土表面形成的贯入孔中往往要留下一些微小的砂粒和粉末，不加以清除必将给测量结果带来误差。

每个测区取 5 个测点，去除其中的最大值和最小值。将剩下的 3 个贯入深度值进行算术平均，将平均值作为该测区的贯入深度代表值。

试验研究表明，采用针贯入法检测混凝土强度时，混凝土强度与测针在混凝土表面贯入深度之间存在负相关关系，测强公式一般为直线方程。

北京地区的试验结果为

$$f_{cu}^c = 67.65 - 9.33H$$

式中　f_{cu}^c——混凝土抗压强度换算值，MPa，精确至 0.1MPa；

　　　H——测针贯入深度，mm，精确至 0.01mm。

以上测强曲线所示是在混凝土强度范围 12～36.9MPa 建立的。

6.5 结构材料强度的取样检测技术

隧道衬砌取样检测技术主要有钻芯法，主要测试混凝土材料的抗压强度、劈裂抗拉强度、弹性模量与防水材料的强度。对于前三者，依据《混凝土物理力学性能试验方法标准》（GB/T 50081—2019）的相关规定进行钻芯取样的强度测试。本部分主要介绍防水材料的强度检测。

6.5.1 钻芯法

钻芯法是从结构混凝土中钻取芯样以检测混凝土强度和检测混凝土内部缺陷的方法，是一种直观、可靠和准确的方法，但会对结构造成一定损失。

1. 检测设备

钻芯机主要由底座、立柱、减速箱、输出轴、进给手柄、电动机和冷却系统组成。配套设备一般由冲击钻、钢筋定位仪和芯样端部处理设备等。工作时，将人造金刚石空心薄壁钻头安装在钻机输出轴上。

锯切芯样时使用的锯切机和磨平芯样的磨平机，应具有冷却系统和牢固夹紧芯样的装置；配套使用的人造金刚石圆锯片应有足够的刚度，锯切芯样宜使用双刀锯切机。

用于芯样断面加工的补平装置应保证芯样的端面平整，并应保证芯样断面与芯样轴线垂直。

探测钢筋位置的钢筋探测仪，适用于现场操作，最大探测深度不应小于 60mm，探测位置偏差不宜大于 3mm。

2. 检测方法

进行检测前应具备工程的基础资料，包括结构或构件种类、外形尺寸及数量，设计混凝土强度等级等。

芯样宜在结构或构件的受力较小部位钻取；混凝土强度具有代表性的部位；便于钻芯机安放与操作的部位；宜采用钢筋探测仪测试或局部剔凿的方法避开主筋、埋件和管线。

抗压芯样试件宜使用直径为 100mm 的芯样，且其直径不宜小于骨料最大粒径的 3 倍；也可采用小直径芯样，但其直径不应小于 70mm 且不得小于骨料最大粒径的 2 倍。

芯样试件的数量应根据检测批的容量确定。直径 100mm 的芯样试件的最小样本量不宜小于 15 个，小直径芯样的最小样本量不宜小于 20 个。

芯样试件应在自然干燥状态下进行抗压试验。当结构工作条件比较潮湿，需要确定潮湿状态下混凝土的抗压强度时，芯样试件宜在 20℃±5℃ 的清水中浸泡 40～48h，从水中取出后应去除表面水渍，并立即进行试验。

芯样试件抗压强度试验的操作应符合《普通混凝土力学性能试验方法标准》（GB/T 50081）中对立方体试件抗压试验的规定。

芯样试件抗压强度值可按下式计算：

$$f_{cu,cor} = \beta_c F_c / A_c$$

式中 $f_{cu,cor}$——芯样试件抗压强度值，MPa，精确至 0.1MPa；

       F_c——芯样试件抗压试验的破坏荷载，N；

       A_c——芯样试件抗压截面面积，mm^2；

       β_c——芯样试件强度换算系数，取 1.0，当有可靠试验依据时，也可根据混凝土原材料和施工工艺情况通过试验确定。

3. 混凝土抗压强度推定值

混凝土的抗压强度推定值应计算推定区间，推定区间的上限值和下限值应按下式计算：

$$f_{cu,c1} = f_{cu,cor,m} - k_1 S_{cu}$$

$$f_{cu,c2} = f_{cu,cor,m} - k_2 S_{cu}$$

$$f_{cu,cor,m} = \frac{\sum_{i=1}^{n} f_{cu,cor,i}}{n}$$

$$S_{cu} = \sqrt{\frac{\sum_{i=1}^{n}(f_{cu,cor,i} - f_{cu,cor,m})^2}{n-1}}$$

式中 $f_{cu,cor,m}$——芯样试件抗压强度平均值，MPa，精确至 0.1MPa；

      $f_{cu,cor,i}$——单个芯样试件抗压强度值，MPa，精确至 0.1MPa；

      $f_{cu,c1}$——混凝土抗压强度推定上限值，MPa，精确至 0.1MPa；

      $f_{cu,c2}$——混凝土抗压强度推定下限值，MPa，精确至 0.1MPa；

    k_1、k_2——推定区间上限值系数和下限值系数，按《钻芯法检测混凝土强度技术规程》（JGJ/T 384—2016）附录取值；

      S_{cu}——芯样试件抗压强度样本的标准差，MPa，精确至 0.01MPa。

$f_{cu,c1}$ 和 $f_{cu,c2}$ 所构成的推定区间的置信度宜为 0.90；当采用小直径芯样试件时，推定区间的置信度可为 0.85。$f_{cu,c1}$ 与 $f_{cu,c2}$ 之间的差值不宜大于 5.0MPa 和 $0.1f_{cu,cor,m}$ 两者的较大值。

$f_{cu,c1}$ 和 $f_{cu,c2}$ 之间的差值大于 $5.0MPa$ 和 $0.1f_{cu,cor,m}$ 两者的较大值时，可适当增加样本容量，或重新划分检测批。

钻芯法确定单个构件混凝土抗压强度推定值时，芯样试件的数量不应少于 3 个；钻芯对构件工作性能影响较大的小尺寸构件，芯样试件的数量不得少于 2 个。单个构件的混凝土抗压推定值不再进行数据的舍弃，而应按芯样试件混凝土抗压强度值中的最小值确定。

钻芯法确定构件混凝土抗压强度代表值时，芯样试件的数量宜为 3 个，应取芯样试件抗压强度值的算术平均值作为构件混凝土抗压强度代表值。

6.5.2　防水材料的性能检测

1. 变形检测

变形检测主要有常温、高温、低温检测 3 种模式。

（1）常温和高温试验。

在标准实验室温度下，将已知高度的试样，按压缩率要求压缩到规定的高度，在规定温度条件下，压缩一定时间，然后在标准温度条件下除去压缩，将试样在自由状态下，回复规定时间，测量试样的高度。

（2）低温试验。

在标准试验温度下，将已知高度的试样压缩到规定高度，在规定低温试验温度下保持一定时间，然后在相同低温下释放压缩，将试样在自由状态下恢复，测量试样的高度：可以每隔规定时间测量一次（通过对压缩高度与时间作图，可评价在低温条件下试样压缩永久变形特性），也可以在规定的时间后进行测量。

压缩装置：包括压缩板、限制器（可选）、厚度计、温度传感器和测量高度提供规定压力的装置。

试验器具如图 6-12 所示。

当进行低温试验时，压缩板应装有温度测量装置。测量精度为 $\pm 5\,{}^\circ\!C$。

用限制器来控制试样压缩的高度，在确定限制器尺寸

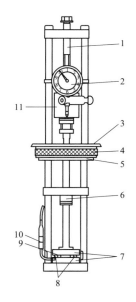

图 6-12　试验器具

1—螺杆；2—厚度计；3—橡

胶盖板；4—隔热盖板；

5—铝制盖板；6—线性轴承；

7—压缩版；8—限制器；

9—试样；10—温度传感器；

11—预负荷配重

时，应保证限制器不与试样接触，建议用环状的限制器。橡胶国际硬度值不同，压缩率也不同，限制器的尺寸也不同。在一次试验时，要使用多个限制器，限制器的高度误差在±0.01mm之内。

A 型：试样直径为（29.0±0.5）mm、高为（12.5±0.5）mm 的圆柱体。

B 型：试样直径为（13.0±0.5）mm、高为（6.3±0.3）mm 的圆柱体。

A 型适用于具有较低压缩永久变形的试样。B 型适用于从成品中裁切的试样。

试验时间从压缩装置放入达到试验温度的高温箱或低温箱时开始计时，试验时间为 (24_{-2}^{0})h、(72_{-2}^{0})h 或 (168_{-2}^{0})h 或 168h 的倍数。

在常温条件下的试验，试验温度为（23±2）℃或（27±2）℃，在高温或低温下的试验，试验温度从以下温度中（见表 6-9）选取。

表 6-9　　　　　　　　试验温度

高温（℃）	低温（℃）
40±1	0±2
55±1	−10±2
70±1	−25±2
85±1	−40±2
100±1	−55±2
125±2	−70±2
150±2	−80±2
175±2	−100±2
200±2	—
225±2	—
250±2	—

在压缩夹具的压缩板表面上涂一层润滑剂（滑石粉、甲基硅油），使试样不粘夹具，所用的润滑剂对试验中的橡胶无影响，并且在试验报告中注明所用的润滑剂。

调整厚度计指针为零，测量试样中心部位的高度（h_0）。3 个试样高度相差不超过 0.01mm。将试样、限制器置于夹具中，均匀地压缩到规定的高度（h_0），压缩时试样、限制器不能互相接触。把已装有试样的压缩夹具或试验容器放入达到的试验温度即开始计算时间。常温或高温试验结束后，立即松开紧固件，把试样放置于木板上，在标准温度环境下，自由状态下放置（30±3）min，然后用厚度计测量试样恢复高度（h_1），精确到 0.01mm。也可以让整个压缩夹具在室温下冷却 30～120min，再从压缩夹具中取出试样，停放 30min 测量试样高度。但应在报告中注明停放时间。

低温试验报告后，在低温箱中立即松开紧固件同时开始测量试样高度（h_2），如条件允许下最好每隔一段时间测量试样的高度，时间分别为 10s、30s、1min、3min、

10min、30min 和 2h，这样可绘出试样高度与时间的对数曲线图，通常，计算试样恢复 30s±3s 和 30min±3min 的压缩永久变形值。大多数试验结果表明，试样高度与试验恢复时间近似一条直线，可以用外推法或内插法计算任一点恢复时间时的试样高度。

整个试验结束后，检查试样内部有否缺陷、气泡，反之，试样作废。

压缩永久变形 C 按下式计算：

$$C(\%)=\frac{h_0-h_1}{h_0-h_s}\times100\%$$

式中 h_0——试件原高，mm；

h_s——限制器的高度，mm；

h_1——试样恢复后的高度，mm。

计算结果精确到 1%。

2. 拉伸应力应变性能检测

在动夹持器或滑轮恒速移动的拉力试验机上，将哑铃状或环状标准试样进行拉伸。在不中断拉伸试样的过程中或在其断裂时记录拉力和伸长率。

哑铃状试样和环状试样测试拉伸性能可能给出不同的结果。这主要是因为，在拉伸环状试样时，应力在横断面上的分布是不均匀的，并存在"压延"效应，使得哑铃状试样因长度方向与压延方向平行或垂直而得出不同的结果。

测定拉伸强度宜选用哑铃状试样。环状试样得出的拉伸强度值比哑铃状试样低，有时低得较多。

将试样匀称地置于上、下夹持器上，使拉力均匀分布到横截面上。根据试验需要，可安装一个变形测定装置，开动试验机，在整个试验过程中，连续监测试验长度和力的变化，进行记录和计算并精确到 $\pm2\%$。

对于 1 型和 2 型哑铃状试样，夹持器移动速度应为 500mm/min±50mm/min；对于 3 型和 4 型哑铃状试样，速度应为 200mm/min±20mm/min。各型试样要求详见 GB/T 528—2009。

如果试样在狭窄部分以外发生断裂，则该试验结果应予以舍弃，并应另取一试样重复试验。

哑铃状试样拉伸强度按下式计算：

$$TS=\frac{F_m}{Wt}$$

式中 TS——拉伸强度，MPa；

F_m——记录的最大力，N；

W——裁刀狭窄部分宽度，mm；

t——试验长度部分的厚度，mm。

断裂拉伸强度 TS_b 按下式计算：

$$TS_b = \frac{F_b}{Wt}$$

式中　TS_b——断裂拉伸强度，MPa；

　　　F_b——断裂时，记录的力，N；

　　　W——裁刀狭窄部分宽度，mm；

　　　t——试验长度部分的厚度，mm。

扯断伸长率 E_b 按下式计算：

$$E_b = \frac{100(L_b - L_0)}{L_0}$$

式中　E_b——扯断伸长率，%；

　　　L_b——试样断裂时的长度，mm；

　　　L_0——试样的初始长度，mm。

定伸应力 S_e 按下式计算：

$$S_e = \frac{F_e}{Wt}$$

式中　S_e——定伸应力，MPa；

　　　F_e——给定应力下记录的力，N；

　　　W——裁刀狭窄部分宽度，mm；

　　　t——试验长度部分的厚度，mm。

定应力伸长率 E_s 按下式计算：

$$E_s = \frac{100(L_s - L_0)}{L_0}$$

式中　E_s——定应力伸长率，%；

　　　L_s——达到给定应力时的长度，mm；

　　　L_0——初始试验长度，mm。

屈服点拉伸应力 S_y 按下式计算：

$$S_y = \frac{F_y}{Wt}$$

式中　S_y——屈服点拉伸应力，MPa；

　　　F_y——屈服点时记录下的力，N；

W——裁刀狭窄部分宽度，mm；

　t——试验长度部分的厚度，mm。

屈服点伸长率 E_y 按下式计算：

$$E_y = \frac{100(L_y - L_0)}{L_0}$$

式中　E_y——屈服点伸长率，%；

　　　L_y——达到屈服点时的长度；mm；

　　　L_0——初始试验长度，mm。

3. 硬质橡胶弯曲强度的检测

试验机通过试验装置对试样施加作用力，使用力值在满量程的 15%～85% 的范围内；试验装置的移动速度均匀，并使施加的作用力在 30s±15s 内达到最大值。

试验装置如图 6-13 所示，由两个支座和一个压头构成。

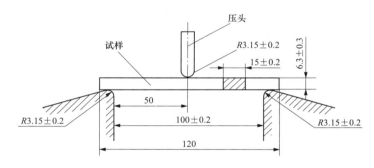

图 6-13　试验装置图（单位：mm）

支座是由两个坚固的截面三角状的金属支座构成，支座间距离为 100.0mm±0.2mm，支座端部的半径为 3.15mm±0.20mm，支座宽度应大于试样的宽度。压头安装在两支架之间中心点的范围内。压头端半径为 3.15mm±0.20mm，宽度应与两支座的宽度相同，支座与压头平行并与试样垂直。

试样为长方体，其长度为 120mm，宽 15.0mm±0.2mm，厚 6.3mm±0.3mm。同一个试样的宽度变化不应大于 0.1mm，厚度变化不应大于 0.05mm，试样的正面和侧面必须进行机械加工，加工面要求平滑光洁，不应有裂纹或其他缺陷，且每组试样不少于 3 个。

测量试样中部受力部分的宽度和厚度，分别测量 3 点，取中位数，精确到 0.02mm。将弯曲强度试验的试验装置安装在试验机上，调整试验机指针的零点，试验前压头刃口应高出两支点平面 15～20mm，将试样宽面放在两支座上，使两端伸出部分的长度大约相等。开动试验机，通过调节试验机的速度，使试样在 30s ±15s 发生破坏或达到最大值。当压头与试样接触的瞬间，开始计时。试验结束记录试验机指示的力值。观察试样断面，以确定试样内部是否有气孔、杂质等内部缺陷，如有缺陷，该试样作废，重新补做。

硬质橡胶弯曲强度 δ 的计算按下式：

$$\delta = \frac{1.5FL}{bd^2}$$

式中　δ——弯曲强度，MPa；

　　　F——试样所承受的最大力值，N；

　　　L——两支座间的间距，mm；

　　　b——试样的宽度，mm；

　　　d——试样的厚度，mm。

取试样的中位数为试验结果，保留小数点后一位。

6.6　衬砌厚度检测

混凝土的厚度会影响结构的整体强度及其耐久性，可能造成工程隐患，甚至引起工程事故。常用的衬砌厚度检测方法有冲击回波法、超声波法、激光断面仪法、地质雷达法和直接测量法等。

6.6.1　冲击回波法

通过冲击方式产生瞬态冲击弹性波并接收冲击弹性波信号，通过分析冲击弹性波及其回波的波速、波形和主频频率等参数的变化，判断混凝土结构的厚度或内部缺陷，主要用于检查混凝土浇筑质量、测试表面开放裂缝深度、测试密集的裂缝、孔隙和蜂窝缺陷等。

1. 原理

冲击回波法是基于瞬态应力波应用于无损检测的一种技术，示意图如图 6-14 所示。

冲击回波法检测混凝土构件的厚度、不密实度及空洞是在混凝土表面利用一个短时的机械冲击激发低频冲击弹性波，冲击弹性波传播到结构内部，被缺陷表面或构件底面反射回来。因此，冲击弹性波在构件表面、内部缺陷表面或底面边界之间来回反射产生瞬态共振，其共振频率能在振幅谱（通过快速傅立叶变换，从波形中得出的频率与对应振幅的关系图）中辨别出，用于确定内部缺陷的深度和构件的厚度。冲击回波法检测混凝土内部缺陷的原理示意图如图 6-15 所示。冲击回波法适用于检测界面声阻抗有明显差

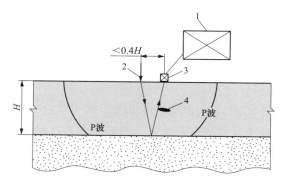

图 6-14　冲击回波测试系统检测混凝土构件示意图
1—数据采集系统；2—冲击点；3—传感器；4—缺陷位置

别的构件，混凝土构件至少具备一个形状规则的可测面，而陶粒混凝土、加气混凝土等轻质混凝土构件则不适用于采用冲击回波法；同时，机械振动和高振幅电噪声会对传入数据采集系统造成检测结果的误判，故在采用冲击回波法进行检测时，周围环境不应有机械振动和高振幅电噪声。

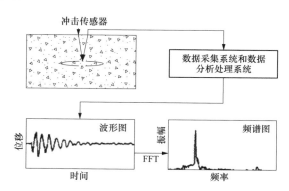

图 6-15　冲击回波法检测混凝土内部缺陷的示意图

内部缺陷通常指混凝土结构的空洞、不密实情况；预应力构件孔道内的灌浆不密实情况；隧道衬砌背后脱空、注浆不密实情况及混凝土结合面空鼓缺陷。

2. 仪器

可采用单点式或扫描式冲击回波仪。冲击仪应配置钢球型冲击器或电磁激振的圆柱型冲击器；应配置测量表面振动的宽频带接收传感器，可为位移传感器或加速度传感器，带宽宜为 800Hz～100kHz；数据采集仪宜具备信号放大功能，且增益可调；宜配有不少于 2 通道的模/数转换器，转换精度不应低于 16 位，采样频率不应低于 100kHz 且采样点数可调；仪器应能实时显示冲击时传感器的输出时域信号，并应具有频率幅值谱分析功能。

3．现场检测

（1）表面处理。检测部位混凝土表面应清洁、平整，且不应有蜂窝、孔洞等外观质量缺陷。当表面不平时，应打磨平整。

（2）单点式冲击回波仪。用于测厚度的传感器须具有较宽的频带范围，以适应不同混凝土的检测。每个测区的测点，应按等间距网格状布置，且不应少于20个测点。传感器与混凝土的表面应处于良好的耦合状态。当检测面有沟槽或表面裂纹时，传感器和冲击器位于沟槽或表面裂纹同侧。冲击点位置与传感器的间距应不小于设计厚度的0.4倍。

（3）扫描式冲击回波仪。测线的位置和测线网格的疏密应根据预估缺陷的位置和大小确定。对于预应力混凝土构件孔道灌浆缺陷，宜垂直于预应力孔道的走向进行检测；对于隧道衬砌背后注浆缺陷，宜沿隧道纵向与环向分别布置测线进行检测。测线的布置不应横跨沟槽或表面裂纹。

扫描器应紧贴混凝土表面匀速滚动，移动速率不宜大于0.1m/s。

4．结果判定

当进行衬砌厚度检测时，在构件测区内应按《冲击回波法检测混凝土缺陷技术规程》（JG/T 411）要求布置测点或测线，每测点应取3个有效波形，并应分析各有效的主频（f）。主频（f）与平均值的差不应超过$2\Delta f$，测点的振幅谱图中构件厚度对应的主频（f）应为3个有效主频的算术平均值。

衬砌厚度应按下式计算：

$$T = \frac{v_p}{2f}$$

式中　T——衬砌厚度的计算值，m；

　　　v_p——混凝土表观波速，m/s；

　　　f——振幅谱图中构件厚度对应的主频，Hz。

当进行混凝土结构构件内部缺陷判定时，频域曲线主频f_c应根据对应的无缺陷构件厚度进行计算。根据实测的波形频谱图，找出主频f，与计算主频f_c进行比较。对于主频f之外的频率应结合检测结构构件形状、钢筋直径、保护层厚度、管线布设、预埋件位置等情况进行综合分析判断，确定内部缺陷位置。

6.6.2　激光断面仪法

激光断面仪能快速检测隧道内轮廓线，并根据衬砌浇筑前的内轮廓线或围岩开挖轮廓线的检测结果实现自动数据比较，指导施工，具体设备参见6.2。

6.6.3 地质雷达法

地质雷达（ground penetrating radar，GPR，又称探地雷达）方法，是利用高频电磁波，以脉冲形式通过发射天线定向地送入介质内部。雷达波在介质中传播时，遇到内部存在电性差异的介质界面或目标体时，电磁波便发生反射，返回地面后由接收天线接收。然后对接收天线所接收的雷达波进行分析和处理，根据所接收的雷达波波形、强度、电性及几何形态，找出地质雷达图像特征所对应的介质特征的含义，进而推断出介质内部亚层、局部不均匀体（如钢筋、孔洞等）。地质雷达探测原理如图6-16所示。

当两种介质（如初支二衬、混凝土与钢筋、混凝土与防水板、混凝土与内部空洞等）的交界部位介电常数变化时，电磁波传播便发生类似光学的反射和折射，反射的强弱与介电常数直接有关。

雷达波从发射天线发射到被接收的行程时间：

$$t = \frac{\sqrt{4z^2 + x^v}}{v}$$

$$v = \frac{c}{\sqrt{\varepsilon_r}}$$

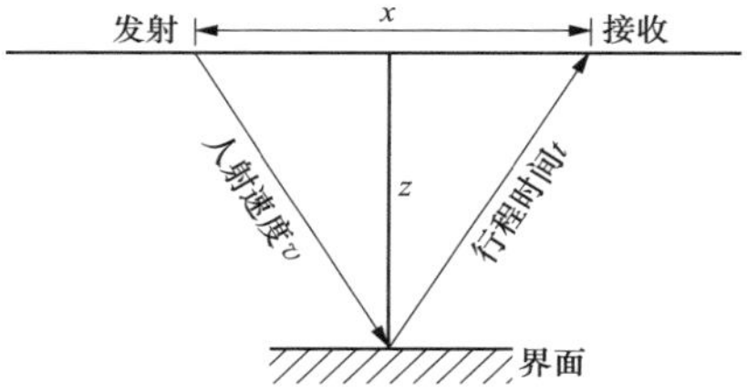

图 6-16 地质雷达探测原理图

式中　z——反射界面深度（厚度）；

x——发射天线到接收天线间的距离；

v——电磁波在介质中传播的波速；

c——光速，c 为 0.3m/ns；

ε_r——介质的相对介电常数，当波速已知时，通过读取雷达剖面上反射信号行程时间来计算界面深度（厚度）值。

对隧道检测断面时间剖面图的分析是基于其存在的典型图像而进行的。由于隧道工程检测的介质主要为混凝土、钢筋、防水板、孔洞（含空气或水）和围岩，它们之间存在明显的介电常数差异；对于混凝土衬砌、喷射混凝土来说，由于材料配比不同也存在介电常数差异，故利用地质雷达检测隧道具有良好的前提。

隧道衬砌厚度的检测和评价，首先要通过搜集施工设计的有关资料，初步了解设计参数、施工方法工艺，对整个工程有一个总体的了解，在检测的过程中还要继续搜集不同单位、不同施工段的具体施工情况，特别是施工中的设计变更资料，以便合理确定检测方式和设置雷达检测参数，准确地区分多次反射信号和干扰信号，以便正确识别层位异常和缺陷异常，对检测对象做出客观、科学、公正的评价。

6.6.4　直接测量法

直接测量法是在混凝土衬砌中打孔或凿槽，从而直接量测衬砌的厚度，但该方法具有破坏性。目前，钻芯法是测量厚度和衬砌缺陷的主要方法之一，二者往往是同时进行的。通过量测混凝土芯样的长度，获得该处衬砌混凝土的厚度。

6.7　隧道衬砌表观检测技术

隧道衬砌表观检测对像主要有裂缝检测、表面剥落、渗漏、接缝等。

6.7.1　裂缝

裂缝长度与宽度的检测方法主要有目测法、仪器法、摄影法及光测法。裂缝深度的检测方法有深度丝法、染式法、单面平测法、双面斜测法及钻孔对测法。

摄影法是用裂缝摄影仪观测裂缝，运用普通相机的透镜成像原理，通过调节物镜的焦距，得到清晰的裂缝成像，经过一个反光镜（与水平方向倾角为 45°）反射到目镜上，经过目镜的二次放大成像，最后汇聚到观测者的视线上。

光测法是指用 CCD 芯片将光信号转变成电信号，再通过 A/D 转换成数字信息，在计算机上获得裂缝图像。取出图像中的噪声以便图像的识别，之后进行图像二值化阈值的选取及非裂缝信息的检出，找到阈值 T 后，通过编制的去除非裂缝信息的程序处理图像，再运用形态学方法中的开运算可得到较好的二值图像。利用二值图像找出裂缝边缘位置。

深度丝法是用很细的钢丝插入裂缝，用游标卡尺量取插入裂缝深度丝部分的长度，记录。

染式法用渗透比较强的染式剂滴到裂缝上，用凿子凿开混凝土，量测有颜色部分的深度即为裂缝深度。

单面平测法适用于开裂深度小于等于 500mm，裂缝部位只有一个可测表面的结构。平测时在裂缝的被测部位以不同的测距同时按跨缝和不跨缝布置测点进行声时测量。

双面斜测法适用于裂缝部位具有多个相互平行的测试表面的结构。将接收和发射换能器分别置于对应测点的位置，读取相应声时值和波幅值及频率值。

斜测法时，如发射和接收换能器的连线通过裂缝，则接收信号的波幅和频率明显降低。根据波幅和频率的突变，可以判定裂缝深度以及是否在平面方向贯通。裂缝深度应根据声时、首波振幅和波形等数据综合判定。斜测裂缝示意图如图 6-17 所示。

钻孔对测法适用于裂缝深度在 500mm 以上的结构。测试前应先向测试孔中注满清水，然后将 T 和 R 换能器分别置于裂缝两侧的对应孔中，以相同高程等间距从上至下同步移动，逐点读取声时、波幅和换能器所处的深度。以换能器所处深度与对应的波幅值绘制孔深-波幅（d-A）坐标图，随着换能器位置的下移，波幅逐渐增大，当换能器

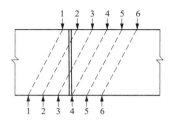

图 6-17　斜测裂缝示意图

下移至某一位置后，波幅达到最大并基本稳定，该位置所对应的深度便是裂缝深度。换能器布设如图 6-18 所示，d-A 图如图 6-19 所示。

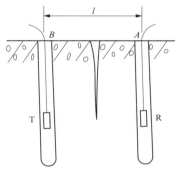

图 6-18　换能器布设

T、R—换能器；l—钻孔距离；

A、B—钻孔位置

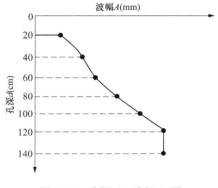

图 6-19　孔深 d-波幅 A 图

6.7.2　表面剥落

衬砌表面剥落主要检测表面剥落或剥离状况。主要采用目测法和超声脉冲法。

（1）目测法。目测法主要采用钢尺、直尺和游标卡尺。

根据衬砌的损伤情况和外观质量选取有代表性的部位布置测点；衬砌被测表面应平整并处于自然干燥状态，且无接缝和饰面层。采用钢尺直接测量剥落部位的各边边长，记录并计算其面积。对于剥离而没有剥落的情况，可以用小铁锤敲击衬砌表面将剥离部分敲落，然后测量其大致面积。剥落或剥离的深度可用 2m 的直尺沿隧道轴线方向放置，用游标卡尺测量剥落或剥离最深处与直尺的距离，即为剥落或剥离的深度。

（2）超声脉冲法。采用超声波检测仪进行检测。

根据衬砌的损伤情况和外观质量选取有代表性的部位布置测点；衬砌被测表面应平整并处于自然干燥状态，且无接缝和饰面层。

表面损伤层检测宜选用频率较低的厚度振动式换能器。测试时发射换能器应耦合

好，并保持不动，然后将接收换能器依次耦合在间距为 30mm 的测点位置上，读取相应的声时值，并测量每次发射和接收换能器内边缘之间的距离。每一测位的测点数不得少于 6 个，当损伤层较厚时，应适当增加测点数。

当构件的损伤层厚度不均匀时，应适当增加测位数量。

6.7.3 接缝

主要检测环缝与纵缝嵌缝宽度、环缝与纵缝接缝宽度和错台量。采用钢尺、游标卡尺、塞尺、裂缝宽度比较尺。

环缝与纵缝嵌缝宽度采用游标卡尺量测嵌缝外边缘距离，作为管片现状的反应值记录。

环缝与纵缝接缝宽度：将塞尺插于环缝与纵缝接缝缝隙间，读取塞尺上的标量值，记录；用裂缝宽度尺的不同粗细的线条与裂缝进行比较，最接近的那条线条的宽度为接缝宽度。

错台量：钢尺垂直于测量表面，0 刻度端紧靠一侧管片，另一端尽量指向该环向断面的圆心，读数并记录错台量。

6.8 隧道渗漏水检测技术

渗漏水是盾构隧道最为常见的病害之一。对于盾构隧道结构及周边环境、行车和洞内设施安全具有影响。根据检查的内容和要求，渗漏水的检查分为两类：

（1）渗漏水的简易检查，包括渗漏水的位置、漏水量、浑浊度、pH 值、冻结情况以及原有防排水设施。

（2）漏水检测：水温检查、pH 检查、导电度检查等。渗漏主要检测渗漏位置、渗漏部位和渗漏状态。采用目测法和人工检测法进行。

（1）目测法。

1）湿渍。湿渍现象一般在人工通风条件下可消失，即蒸发量大于渗入量的状态。检测时用干手触摸湿斑，无水分浸润感觉。用吸墨纸或报纸贴附，纸不变颜色。检测时，要用粉笔构划出湿渍范围，然后用钢尺测量高度和宽度，计算面积，标示在"展开图"上。

2）渗水。渗水现象在加强人工通风的条件下也不会消失，即渗入量大于蒸发量的状态。检测时用干手触摸可感觉到水分浸润，手上会沾有水分。用吸墨纸或报纸贴附，纸会浸润变颜色。检测时，要用粉笔勾划出渗水范围，然后用钢尺测量高度和宽度，计算面积，标示在"展开图"上。

（2）人工检测法。

隧道上半部的明显滴漏和连续渗流，可直接用有刻度的容器收集量测，计算单位时间的渗漏量（如 L/min 或 L/h 等），还可用带有密封缘口的规定尺寸方框，安装在要求测量的隧道内表面，将渗漏水导入量测容器内。同时，将每个渗漏点位置、单位时间渗漏水量，标示在"隧道渗漏水平面展开图"上。

若检测器具或登高有困难时，允许通过目测计取每分钟或数分钟内的滴落数目，计算出该点的渗漏量。经验上，当每分钟滴落速度 3～4 滴的漏水点，24h 的渗水量就是 1L。如果滴落速度每分钟大于 300 滴，则形成连续细流。

目前，为了有效快速检测盾构隧道渗漏水的情况，使用红外、三维激光扫描等检测隧道的渗漏水。

红外热成像技术利用光电技术检测物体热辐射的红外线特定波段信号，将该信号转换成可供人类视觉分辨的热图像，并计算出温度值。热图像上面的不同颜色代表被测物体的不同温度，基于此来检测隧道结构的渗漏水情况。

红外图像处理是整个测试系统的关键部分，具体的流程如图 6-20 所示。

图 6-20 红外图形处理过程

为了减少图像处理过程中的数据量以及简化处理算法，首先将红外热像图转为灰度图。数字图像用于后期应用，其噪声是最大的问题，因此需要对图像进行降噪处理，如采用高斯滤波法对图像进行处理。

对图像进行边缘化处理，将低温区提取出来，然后进一步计算出渗水区面积。对于渗水区面积的求法，首先提取出红外图像中低温区所占像素数，然后计算出低温区所占像素数与整张图片的像素数的比值，该比值即为渗水区域面积占所测量面积的比例，进而根据实际测量面积求出渗水区域的面积值。根据红外热像仪检测范围分析图，得出红外热像仪所测实际面积。

6.9 隧道壁后注浆质量无损检测

地质雷达法是利用介质对电磁波的反射特性，对介质内部的构造和缺陷（或其他不均匀体）进行探测的方法。采用非接地性测量，可以检测壁后注浆层厚度、注浆缺陷和定性判定注浆层密实情况，可以定性评定隧道围岩注浆体基本特征，如松散、空洞、密实情况。

检测前宜先测定介质参数，了解其物性特征，检测时间宜在注浆层电磁波参数稳定后进行。现场检测时，应尽量避开或排除固定干扰源；在有效异常段，曲线的突变点和畸变线段、仪器参数或观测添加改变时，应进行加密复测。抽取不少于总工作量的 5% 进行重复检测。

管片的相对介电常数或电磁波速做现场测定，应在单次检测段中选取各型管片各 3 片进行参数测定，取平均值作为该型管片的相对介电常数或电磁波速。

注浆材料进行相对介电常数或电磁波速、电导率等参数做现场测定，应将检测段所包括的各种配置比注浆材料分别进行测定，测定时应取得注浆层的清晰反射界面，且每种注浆材料不少于 3 组，取其平均值作为该种注浆材料介质参数代表值。

管片壁后岩土层应进行电导率参数测试，应将检测段所包括的各种岩性的围岩分别测试，且每种岩性不少于 3 组，取其平均值作为岩性电导率代表值。

管片介质参数测定应采用未安装的管片或隧道现场直接测定；注浆材料相对介电常数或电磁波速测定应在隧道内能直接测量注浆层厚度的地点，如洞口、联络通道等部位直接测定；如隧道内不能直接测定，应制作试块测定，试块的厚度不小于 30cm，长度不小于 100cm，宽度不小于 50cm，测定应在试块相对介电常数趋于稳定之后进行，当隧道位于地下水位以下时，测定前应将试块于水中浸泡不少于 24h。

围岩电导率参数测定可利用地质勘察报告电阻率测试并报告的数据，如无该数据则通过地质钻孔进行并用电阻率测试或岩芯标本测定。

测试结果用下式计算：

$$\varepsilon_y = \left(\frac{0.3t}{2d}\right)^2$$

$$v = \frac{2d}{t} \times 10^9$$

$$\sigma = \frac{1}{\rho}$$

式中　ε_y——相对介电常数；

　　t——双程旅行时间，ns；

　　d——标定目标体厚度或距离，m；

　　v——电磁波速，m/s；

　　σ——电导率，S/m；

　　ρ——电阻率。

1. 现场检测

测线布设应以环向检测和纵（轴）向检测结合进行。环测线应布设在隧道上版环，每条测线长度不小于隧道周长的 1/2，每环布设测线不少于 1 条，检测段布设环测线的环数不应少于总环数的 1/3；纵（轴）测线沿隧道前进（或后退）方向进行，宜在上半环平均布设不少于 5 条测线，下半环不少于 1 条。

特殊地段施工的隧道，应加密布设测线；检测过程中如遇到有效异常或追踪有效异常延伸方向，应适当加密测线或测点。纵（轴）测线宜采用连续测量方式进行；环测线或加密测线宜采用点测方式进行，测量点距应根据所需探测异常尺寸试验选择。

使用分体天线进行点测时，应通过调整天线距离使目的体的反射信号最强，可选取二倍临界角为接收天线与发射天线相对探测目的体的张角，也可以选取探测对象最大深度的 1/5 作为天线间距。使用偶级天线时，天线的取向宜使电场的极化方向与探测目标体的长轴或走向平行，当探测目的体的长轴方向不明确时，宜使用两组正交的天线分别进行观测。

2. 数据处理及解释

根据需要选取删除无用道、水平比例归一化、增益调整、频率滤波、$f-k$ 倾角滤波、反褶积、偏移归位、空间滤波、点平均等处理方法。

壁后注浆层界面应根据反射信号的强弱、频率变化及延伸情况确定。注浆层与管片界面反射波同相轴连续，频率无突变，可明显观测到管片界面反射波；壁后注浆层与围岩界面反射波同相轴连续，频率无突变，可追踪延伸情况。

壁后注浆层厚度由下式确定：

$$d_2 = \frac{1}{2} v_2 \cdot t_2 \cdot 10^9$$

$$或\ d_2 = \frac{0.3 t_2}{2\sqrt{\varepsilon_{\gamma 2}}}$$

式中　d_2——壁后注浆层厚度，m；

　　　t_2——壁后注浆层双程旅行时间，s；

　　　v_2——壁后注浆层电磁波速，m/s；

　　　$\varepsilon_{\gamma 2}$——壁后注浆层相对介电常数。

壁后注浆层缺陷的主要信号判定特征如下：壁后注浆层内反射波同相轴杂乱、呈漫反射、频率突变，或同相轴错段、不连续、较分散。壁后注浆层内反射波呈双曲线反射、频率突变。

壁后注浆层密实情况评定按每环管片长度为最小评定单位，其信号特征符合以下

特高压电力综合管廊盾构隧道工程验收手册

要求：

（1）密实：壁后注浆层与围岩介质参数差异不明显时，其与管片界面、围岩界面反射信号弱，甚至没有界面反射信号；壁后注浆层与围岩介质参数差异明显时，其与管片界面、围岩界面反射信号明显，反射波频率无突变，同相轴连续。

（2）不密实：壁后注浆层与围岩介质参数差异不明显时，壁后注浆层与管片界面或围岩界面反射信号强，同相轴呈绕射弧形，且不连续，较分散；壁后注浆层与围岩介质参数差异明显时，壁后注浆层内反射波同相轴杂乱、错断、呈漫反射、频率突变，不能追踪壁后注浆层与围岩界面的延伸情况。

（3）当地质雷达法不足以全面评价管片壁后注浆情况时，应结合其他方法如钻芯法、浅层地震法等方法进行综合评价。

3. 电磁波速度确定方法

影响目标定位精度的是电磁波传播速度，用于现场的电磁波传播速度确定方法有很多，但多可操作性较差或精度太低。目前地质雷达检测中速度的求取主要如下：

（1）几何刻度法。几何刻度法是通过考虑在天线移动的过程中，地下目标对电磁波的不同反射路径而求得电磁波在地下介质中的传播速度。可以得

$$t(x)=\frac{w}{v}=\frac{2\sqrt{x^2+z^2}}{v}=\sqrt{\frac{4x^2}{v^2}+t_0^2}$$

式中　$t(x)$——当前位置 x 到目标的双程走时；

　　　t_0——沿垂直路径到目标的双程走时。

由上式可以利用实测雷达记录求出传播速度。

（2）共中心点法（CDP）。从发射到接收，经目标发射后的双程走时为

$$t(x)=\frac{w}{v}=\frac{\sqrt{x^2+4z^2}}{v}=\sqrt{\frac{x^2}{v^2}+t_0^2}$$

式中　$t(x)$——偏移距 x 处对应双程走时；

　　　t_0——零偏移处对应双程走时。

由上式可以利用实测雷达记录反求出电磁波传播速度，但是探测的前提是注浆层需要水平分布，由于隧道壁后的注浆层分布不具备这种条件，因此此法不是很适合探测隧道壁后注浆。

（3）霍夫变换法。

霍夫变换法是图像处理中从图像中识别几何形状的基本方法之一。求取电磁波传播速度时，首先借助于霍夫变换法确定地下目标的反射曲线轮廓，再利用类似几何刻度法的原理，自动求取波速。

114

在地质雷达对隧道壁后注浆分布的探测中，将电磁波速求准是保证精度的关键之一。根据前期对盾构隧道的大量实际探测结果发现，几何刻度法、共中心点法、霍夫变换法对于隧道实际探测求出波速是很难实现的，主要由于：盾构隧道是纵向封闭的空间，受到管片钢筋的多次反射等因素影响，其探测结果要远远复杂于室外地下目标的探测，因此通过现场的探测估计波速很难达到理想的结果。

　　盾构隧道壁后注浆层的分布是未知的，很难找到复合共中心点法探测条件的水平分布层。

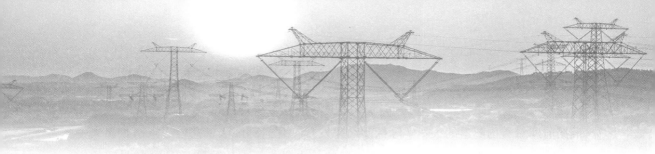

第7章
隧道施工环境检测

隧道施工环境是隧道施工质量检测与验收的一个重要组成部分，直接关系到隧道内作业人员的身体健康。通过隧道施工环境检测和分析，能较好地解决隧道的施工环境，保证隧道施工的顺利进行。

7.1 粉尘浓度检测

7.1.1 检测原理

总粉尘浓度测定原理：空气中的总粉尘用已知质量的滤膜采集，由滤膜的增量和采气量，计算出空气中总粉尘的浓度。

呼吸性粉尘浓度的测定原理：空气中粉尘通过采样器上的预分离器，分离出的呼吸性粉尘颗粒采集在已知质量的滤膜上，由采样后的滤膜增量和采气量，计算出空气中呼吸性粉尘的浓度。

7.1.2 检测方法

常用滤膜测尘法。通过抽气泵抽取一定体积的含尘空气，经过已称量的滤膜，粉尘被阻留在滤膜上，根据采样后滤膜的粉尘增量，计算出作业场所空气中的粉尘浓度。

7.1.3 主要仪器

主要测尘仪器包括抽气装置、分析天平，感量 0.1mg 或 0.01mg（呼尘 0.01mg），秒表或其他计时器、干燥器、内装变色硅胶、镊子、除静电器等。

1. 滤膜

滤膜包括过氯乙烯滤膜或其他测尘滤膜。空气中粉尘浓度不大于 $50mg/m^3$ 时，用直径为 37mm 或 40mm 的滤膜；粉尘浓度大于 $50mg/m^3$ 时，用直径为 75mm 的滤膜。

2. 采样器

粉尘采样器包括采样夹和采样器两部分。

采样夹应满足总粉尘采样效率的要求。粉尘采样夹可安装直径 40mm 和 75mm 的滤膜，用于定点采样；小型塑料采样夹可安装直径不大于 37mm 的滤膜，用于个体采样。

采样器，需要防爆的工作场所应使用防爆型粉尘采样器。用于个体采样时，流量范围为 1~5L/min；用于定点采样时，流量范围为 5~80L/min。用于长时间采样时，连续运转时间应不小于 8h。呼吸性粉尘采样器主要包括预分离器和采样器。

（1）预分离器，对粉尘粒子的分离性能应符合呼吸性粉尘采样器的要求，即采集的粉尘空气动力学直径应在 7.07μm 以下，且直径为 5μm 的粉尘粒子的采集率应为 50%。

（2）采样器，流量计的量程和精度应满足采样器性能的要求。

7.1.4　样品采集

1. 测尘点的选择

应设在具有代表性的人工接尘地点。且粉尘分布较均匀处的呼吸带。在风流影响时，一般应选择在作业地点的下风侧或回风侧。

移动式产尘点的采样位置应位于生产活动中有代表性的地点，或将采样器架设于移动设备上。

凿岩作业的采样位置设在距工作面 3~6m 处。

喷浆、打锚杆作业的采样位置，设在距工人操作地点下风侧 5~10m 处。

2. 滤膜的准备

（1）干燥。称量前，将滤膜置于干燥器内 2h 以上。

（2）称量。用镊子取下滤膜的衬纸，将滤膜通过除静电器，除去滤膜的静电，在分析天平上准确称量。在衬纸和记录表上记录滤膜的质量和编号。将滤膜和衬纸放入相应容器中备用，或将滤膜直接安装在采样头上。

（3）安装。滤膜毛面应朝进气方向，滤膜放置应平整，不能有裂隙或褶皱。用直径 75mm 的滤膜时，应做成漏斗状装入采样夹。

3. 采样

（1）定点采样。根据粉尘检测的目的和要求，可以采用短时间采样或长时间采样。

1）短时间采样，在采样点将装好滤膜的粉尘采样夹，在呼吸带高度以 15~40L/min 流量采集 15min 空气样品。

2）长时间采样。在采样点将装好滤膜的粉尘采样夹，在呼吸带高度以 1~5L/min

流量采集 1~8h 空气样品（由采样现场的粉尘浓度和采样器的性能等确定）。

（2）个体采样。将装好滤膜的小型塑料采样夹，佩戴在采样对象的前胸上部，进气口尽量接近呼吸带，以 1~5L/min 流量采集 1~8h 空气样品（由采样现场的粉尘浓度和采样器的性能等确定）。

滤膜上总粉尘的增量（Δm）要求。无论定点采样或个体采样，要根据现场空气中粉尘的浓度、使用采样夹的大小和采样流量及采样时间，估算滤膜上总粉尘的增量（Δm）。使用直径不大于 37mm 的滤膜时，Am 不得大于 5mg；直径为 40mm 的滤膜时，Δm 不得大于 10mg；直径为 75mm 的滤膜时，Δm 不限（呼尘 Δm 不得小于 0.1mg，不得大于 5mg）。采样前，要通过调节使用的采样流量和采样时间，防止滤膜上粉尘增量超过上述要求（即过载）。采样过程中，若有过载可能，应及时更换采样夹。

采样后，取出滤膜，将滤膜的接尘面朝里对折两次，置于清洁容器内，或将滤膜或滤膜夹取下，放入原来的滤膜盒中。室温下运输和保存。携带运输过程中，应防止粉尘脱落或二次污染。

7.1.5　样品的称量

（1）称量前，将采样后的滤膜置于干燥器内 2h 以上，除静电后，在分析天平上准确称量。

（2）滤膜增量 $\Delta m \geq 1mg$ 时，可用感量为 0.1mg 分析天平称量；滤膜增量 $\Delta m <1mg$ 时，应用感量为 0.01mg 分析天平称量。

7.1.6　样品浓度的计算

按下式计算空气中总粉尘的浓度：

$$C=\frac{m_2-m_1}{Q \times t}\times 1000$$

式中　C——空气中总粉尘的浓度，mg/m³；

　　m_2——采样后的滤膜质量，mg；

　　m_1——采样前的滤膜质量，mg；

　　Q——采样流量，L/min；

　　t——采样时间，min。

7.1.7　注意事项

上述粉尘浓度测定方法是基本方法，如果使用其他仪器或方法测定粉尘质量浓度时，以该方法为基准。

该方法的最低检出浓度为 $0.2mg/m^3$。

当过氯乙烯滤膜不适用时，可用超细玻璃纤维滤纸。

工作日内，空气中粉尘浓度比较稳定，没有大的浓度波动，可用短时间采样方法采集 1 个或数个样品；工作日内，空气中粉尘浓度有一定规律，即有几个浓度不同但稳定的时间段，可在不同的浓度时段内，用短时间采用，并记录劳动者在此浓度下的接触时间。采样前后，滤膜称重应使用同一台分析天平。测尘滤膜通常带有静电，影响称量的准确性，因此，应在每次称重前去除静电。

7.2　空气质量检测

空气质量检测主要包括风速和二氧化碳浓度检测。

7.2.1　风速检测

隧道内风速可以采用电风速计法测定。

（1）原理。热电式电风速计由测头和测量仪表组成，测头的加热圈（丝）暴露在一定大小的风速下，引起测头加热电流或电压的变化，由于测头温度升高的程度与风速呈负相关，故可由指针或数字显示风速值。

（2）仪器。采用指针式热电风速计或数显式热电风速计，最低检测值不大于 $0.05m/s$。

（3）测量步骤。测点按《公共场所卫生检验方法　第 1 部分：物理因素》（GB/T 18204.1—2013）要求布设。

使用指针式热电风速计时按说明书调整仪表的零点和精度，使用数显式热电风速计时需进行自检或预热。

轻轻将侧杆测头拉出，测头上的红点对准来风方向，读出风速值。

按要求对仪器进行期间核查和使用前校准。

（4）结果计算。一个区域的测点结果以该区域内各测点值的算术平均值给出。

7.2.2　二氧化碳浓度检测

二氧化碳浓度检测包括不分光红外分析法、气相色谱法和容量滴定法。

1. 不分光红外分析法

原理：二氧化碳对红外线具有选择性的吸收。在一定范围内，吸收值与二氧化碳浓度呈线性关系。根据吸收值确定样品中二氧化碳的浓度。

采用不分光红外线气体分析仪。

布点按照《公共场所卫生检验方法第 2 部分：化学污染物》（GB/T 18204.2—2014）的相关规定进行。

采样时，用塑料铝箔复合薄膜采气袋，抽取现场空气冲洗 3～4 次，采气 0.5L 或 1.0L，密封进气口，带回实验室分析。也可以将仪器带到现场间歇进样，或连续测定空气中二氧化碳浓度。

启动仪器和校准工作完成后，进行样品测点。将内装空气样品的塑料铝箔复合薄膜采气袋接在装有变色硅胶或无水氯化钙的过滤器，和仪器的进气口相连接，样品被自动抽到气室中，表头指出二氧化碳的浓度（％）。如果将仪器带到现场，可间歇进样测定。仪器接上记录仪表，可长期监测空气中二氧化碳浓度。

环境空气中非待测组分，如甲烷、一氧化碳、水蒸气等能影响测定结果。由于在透过红外线的窗口，安装了红外线滤光片，它的波长为 4.6μm，二氧化碳对该波长有强烈的吸收；而一氧化碳和甲烷等气体不吸收。因此，一氧化碳和甲烷的干扰可以忽略不计。但水蒸汽对测定二氧化碳有干扰，它可以使气室反射率下降，从而使仪器灵敏度降低，影响测定结果的准确性，因此，必须使空气样品经干燥后，再使用仪器。

2. 气相色谱法

原理：二氧化碳在色谱柱中与空气的其他成分完全分离后，进入热导检测器的工作臂，使该臂电阻值的变化与参考臂电阻值的变化不相等，惠斯登电桥失去平衡而产生信号输出。在线性范围内，信号大小与进入检测器的二氧化碳浓度成正比，从而进行定性与定量测定。

采用配备有热导检测器的气相色谱仪。

（1）采样时，用橡胶二连球将现场空气打入塑铝复合膜采气袋，使之胀满后放掉。如此反复四次，最后一次打满后，密封进样口，并写上标签，注明采样地点和时间等。

（2）在做样品分析时的相同条件下，绘制标准曲线或测定校正因子。

1）配制标准气。在 5 支 100mL 注射器内，分别注入 1％二氧化碳标准气体 2、4、8、16、32mL，再用纯氮气稀释至 100mL，即得体积分数为 0.02％、0.04％、0.08％、0.16％和 0.32％的气体。另取纯氮气作为零浓度气体。

2）绘制标准曲线。在与样品相同分析条件下，绘制标准曲线。每个浓度的标准气体，分别通过色谱仪的六通进样阀，进样 3mL，得到各个浓度的色谱峰和保留时间。每个浓度做 3 次，测量色谱峰高的平均值。以一氧化碳的体积分数（％）对平均峰高（mm）绘制标准曲线，并计算回归线的斜率，以斜率的倒数 B（％/mm）作为样品测定的计算因子。

3）测定校正因子。用单点校正法求校正因子。取与样品空气中含二氧化碳浓度相接近的标准气体。测量色谱峰的平均峰高（mm）和保留时间。用下式计算校正因子 f，即

$$f = \frac{\varphi_0}{h - h_0}$$

式中　f——校正因子，%/mm；

　　　φ_0——标准气体体积分数，%；

　　　h——标准气平均峰高，mm；

　　　h_0——空白样品平均峰高，mm。

（3）样品分析。通过色谱仪六通进样阀进样品空气 3mL，以保留时间定性，测量二氧化碳的峰高。每个样品作 3 次，求峰高的平均值。高浓度样品用纯氮气稀释至小于 0.3% 再分析。

（4）结果分析。用下式计算二氧化碳体积分数 φ。

$$\varphi = (h - h_0) \times B'$$

式中　φ——空气中二氧化碳体积分数，%；

　　　h——样品峰高的平均值，mm；

　　　h_0——空白样品平均值，mm；

　　　B'——按照标准曲线法或单点校正法得出的计算因子或校正因子，%/mm。

3. 容量滴定法

用过量的氢氧化钡溶液与空气中二氧化碳作用生成碳酸钡沉淀，反应后剩余的氢氧化钡用标准草酸溶液滴至酚酞试剂红色刚褪。由容量法滴定结果即可计算出空气中二氧化碳的浓度。

（1）采样。应在采样前两天配制吸收液，贮液瓶加盖密封保存，避免接触空气。采样前，贮液瓶塞街上碱石灰管，用虹吸管将吸收液移至吸收瓶内，然后向瓶内充氮气或经碱石灰管处理的空气。采样前后，吸收瓶的进、出口均用乳胶管连接以避免空气进入。

（2）分析。采样后的吸收管在实验室内加塞静置 3h，使碳酸钡沉淀完全。向碘量瓶中充入氮气或经碱石灰管处理的空气。吸取上清液 25mL 于碘量瓶中，加入 2 滴酚酞指示剂，用草酸标准液滴定至溶液的着色由红色变为无色，记录所消耗的草酸标准溶液的体积。同时吸取 25mL 未采样的氢氧化钡吸收液作空白滴定，记录所消耗的草酸标准溶液的体积（mL）。

（3）数据处理。将采样体积按下式换算成标准状态下采样体积 V_0：

$$V_0 = V_t \times \frac{T_0}{273+t} \times \frac{P}{P_0}$$

式中　V_0——标准状态下的采气体积，L；

　　　V_t——实际采气体积，为采样流量与采样时间乘积，L；

　　　t——采样点的气温，℃；

　　　T_0——标准状态下的绝对温度，273K；

　　　P——采样点的大气压，kPa；

　　　P_0——标准状态下的大气压力，取值 101kPa。

空气中二氧化碳体积分数 φ 按下式计算：

$$\varphi = \frac{20 \times (V_1 - V_2)}{V_0}$$

式中　φ——空气中二氧化碳体积分数，%；

　　　V_1——样品滴定所用草酸标准溶液体积，mL；

　　　V_2——空白滴定所用草酸标准溶液体积，mL；

　　　V_0——标准状态下的采气体积，L。

7.2.3　一氧化碳浓度检测

CO 浓度检测方法有不分光红外分析法和气相色谱法。

1. 不分光红外分析法

（1）原理。一氧化碳对红外线具有选择性的吸收。在一定范围内，吸收值与一氧化碳浓度呈线性关系，根据吸收值可以确定样品中一氧化碳的浓度。

（2）仪器。采用不分光红外线一氧化碳气体分析仪。

（3）采样。抽取现场空气冲洗采气袋 3～4 次后，采气 0.5L 或 1.0L，密封进气口，带回实验室分析，也可以用仪器在现场直接测定空气中一氧化碳。

（4）测定。将空气样品的采气袋接在仪器的进气口，样品经干燥后被自动抽到气室内，仪器即指示一氧化碳浓度。如果在现场使用，可直接读出空气中一氧化碳的浓度。

（5）结果计算。浓度换算：如果仪器浓度读数值为一氧化碳体积分数，可按下式换算成标准状态下的质量浓度 C。

$$C = \frac{C_p \times T_0}{B \times (273+T)} \times M$$

式中　C——CO 质量浓度，mg/m³；

C_p——CO 体积分数，mL/m³；

T_0——标准状态的绝对温度，273K；

B——标准状态下（0℃，101.3kPa）其他摩尔体积，$B=22.4$L/mol；

T——现场温度，℃；

M——CO 摩尔质量，g/mol，数值为 28g/mol。

一个区域的测点结果以该区域内各采样点质量浓度的算术平均值给出。

2. 色相色谱法

（1）原理。一氧化碳在色谱中与空气的其他成分完全分离后，进入转化炉，在 360℃镍触媒催化作用下，与氢气反应，生成甲烷，用氢火焰离子化检测器测定。

（2）仪器。采用色相色谱仪。

（3）采样。抽取现场空气冲洗采气袋 3～4 次厚，采气 400～600mL，密封进气口，带回实验室分析。

（4）分析。色谱分析条件常因试验条件不同而有差异，应根据所用气相色谱仪的型号和性能，确定一氧化碳分析最佳的色谱分析条件。

标准气配置：在 5 支 100mL 注射器中，用高纯氮气将已知浓度的一氧化碳标准气体稀释成 0.5～50mg/m³ 范围内的 4 种浓度的标准气体，另取高纯氮气作为零浓度气体。

每个浓度的标准气体分别通过色谱仪的六通进样阀，进样量 1mL，得到各个浓度的色谱峰和保留时间。每个浓度作 3 次，测量色谱峰高的平均值。以峰高作纵坐标，浓度作横坐标，绘制标准曲线，并计算回归线的斜率，以斜率倒数作为样品测定的计算因子。

校正因子测定：用单点校正法求校正因子。取与样品空气中一氧化碳相接近的标准气体，测量色谱峰的平均峰高和保留时间，计算校正因子 f。

$$f=\frac{\varphi_0}{h-h_0}$$

式中 f——校正因子，mL/(m³·mm)；

φ_0——标准气体体积分数，mL/m³；

h——标准气平均峰高，mm；

h_0——空白样品平均峰高，mm。

通过色谱仪六通进样阀，进样品空气 1mL，以保留时间定性，测量一氧化碳的峰高。每个样品作 3 次分析，求峰高的平均值。

（5）结果计算。按下式计算空气中一氧化碳体积分数 φ_p：

$$\varphi_p=(h-h_0)\times B'$$

式中　φ_p——空气中二氧化碳体积分数，mL/m^3；

　　　h——样品峰高的平均峰高，mm；

　　　h_0——空白样品平均峰高，mm；

　　　B'——按照标准曲线法或单点校正法得出的计算因子或校正因子，$mL/(m^3 \cdot mm)$。

7.3　环境温湿度检测

7.3.1　玻璃液体温度计法

1. 仪器和原理

玻璃液体温度计是由容纳温度计液体的薄壁温包和一根与温包相适应的玻璃细管组成。空气温度的变化回引起温包温度的变化，温包内液体体积则随之变化。当温包温度增加时液体膨胀，细管内液柱上升；反之亦然。玻璃细管上标以刻度，以指示管内液柱的高度，使读数准确地指示温包的温度。

温度计的刻度最小分值不大于 0.2℃，测量精度±0.5℃。玻璃液体温度计的技术要求和质量试验方法及检验规则应符合相关标准的要求。

2. 测定步骤

测定步骤如下：

（1）为了防止日光等热辐射的影响，温包需用热遮蔽。

（2）经 5～10min 后读数，读数时先读小数，精确地读到 0.2℃，后再读整数。

读数时视线应与温度计标尺垂直，水银温度计按凸出弯月面的最高点读数，酒精温度计按凹月面的最低点读数。

（3）读数应快速准确，以免人的呼吸气和人体热辐射影响读数的准确性。

（4）零点位移误差的订正。由于玻璃热后效应，玻璃液体温度计零点位置应经常用标准温度计校正，如零点有位移时，应把位移值加到读数上。

3. 数据处理

按下式计算：

$$t_\mathrm{r}=t_\mathrm{m}+d$$
$$d=a-b$$

式中　t_r——实际温度，℃；

　　　t_m——测得温度，℃；

d——零点位移值，℃；

　　a——温度计所示零点；

　　b——标准温度计校准的零点温度。

7.3.2　数显示温度计法

1. 仪器及原理

采用 PN 结热敏电阻、热电偶、铂电阻等作为温度传感器，通过传感器自身随温度变化产生电信号经放大、A/D 变换器后，再送显示器显示空气温度。

数显示温度计：最小分辨率为 0.1℃，测量范围为－40～＋90℃，测量精度±0.5℃。

2. 测定步骤

测定步骤如下：

（1）按要求对仪器进行期间核查和使用前校准。

（2）根据说明书进行操作。

（3）待显示器所显示的温度稳定后，即可读出温度值。

3. 数据处理

需要得到平均温度、一天内温度随时间变化曲线和一年内温度随时间变化曲线。

7.3.3　湿度的检测

采用干湿球法进行湿度的检测。

1. 仪器及原理

将两支完全相同的水银温度计都装入金属套管中，水银温度计球部有双重辐射防护管。套管顶部装有一个用发条或电驱动的风扇，风扇启动后抽取空气均匀地通过套管，使球部处于大于等于 2.5m/s 的气流中（电动可达 3m/s），测定干湿球温度计的温度，然后根据干湿球温度计的温差，计算出空气相对的湿度。

（1）机械通风干湿表：温度刻度的最小分值不大于 0.2℃，测量精度±3％，相对湿度测量范围为 10％～100％。

（2）电动通风干湿表：温度刻度的最小分值不大于 0.2℃，测量精度±3％，相对湿度测量范围为 10％～100％。

2. 测定步骤

机械通风干湿表通风器作用时间应校正，不得少于 6min。用吸管吸取蒸馏水送入湿球温度计套管内，湿润温度计头部纱条。机械通风干湿表上满发条，电动通风干湿表应接通电源，使通风器转动。通风 5min 后读干、湿温度表所示温度。

3. 数据处理

相对湿度的计算

$$F = P_e/P_E \times 100\%$$

式中　F——相对湿度，%；

　　P_e——空气中的水气压，Pa；

　　P_E——干球温度条件下的饱和水气压，Pa。

水气压的计算

$$P_e = P_{Bt'} - AP(t-t')$$

式中　P_e——监测时空气中的水气压，Pa；

　　$P_{Bt'}$——湿球温度下的饱和水气压，Pa；

　　P——监测时大气压，Pa；

　　A——温度计系数，与湿球温度计头部风速有关，通常为 0.000 677℃$^{-1}$；

　　t——干球温度，℃；

　　t'——湿球温度，℃。

第8章
盾构工作井及施工通道验收

对于"特高压苏通 GIL 综合管廊工程",有工作井及施工便道、隧道工程 2 个单位工程,其中"工作井与施工便道"单位工程划分为南岸工作井、北岸工作井、施工便道 3 个子单位工程。详细的划分内容见第 5 章。

8.1 一 般 规 定

采用盾构法施工时,一般需在盾构掘进的始端和终端设置工作井。按工作井的用途,分为盾构始发工作井和接收工作井,而在竣工后多被用作地铁车站、排水、通风等永久性结构。工作竖井一般都设在隧道轴线上,采用明挖法或测井法等施工。

8.1.1 工作井尺寸

盾构始发工作井是用于组装、调试盾构,隧道施工期间作为管片、其他施工材料、设备、出渣的垂直运输及作业人员的出入通道。所以,工作井的结构尺寸应满足盾构始发、检修、接收、解体和调头的要求。

一般情况下在盾构两侧各留 1.5m 作为盾构安装作业的空间。盾构的前后应留出洞口封门拆除、初期推进时出渣、管片运输和其他作业所需的空间。因此,始发工作井的长度应大于盾构主机长度 3m,宽度应大于盾构直径 3m;接收工作井的宽度应大于盾构直径 1.5m,工作井的长度应大于盾构主机长度 2.0m。

8.1.2 井底板高度

根据盾构的安装、拆除作业、洞口与隧道的接头处理作业等需要,确定洞口底至工作井底板顶面的最小高度。始发、接收工作井的井底板宜低于进、出洞洞门底标高 700mm,并应满足相关装置安装和拆卸所需的最小作业空间要求。

8.1.3 预留洞门直径

从理论上来说,井壁预留洞口大小略比盾构的外径大一些即可(盾构外径含外壳突出部分），但考虑到井壁洞口的施工误差、隧道设计轴线与洞口轴线间的夹角、密封装置的需要，需留出足够的余量。

工作井预留洞门直径应满足盾构始发和接收的要求，并应按下式计算：

$$D_s \geqslant H\tan\alpha + (D/\cos\alpha) + \Delta e + \Delta s + \Delta g$$

式中　D_s——工作井预留洞门直径，m；

　　　H——洞门井壁厚度，m；

　　　α——隧道轴线与洞门轴线的夹角，(°)，采取平面或纵坡夹角的值；

　　　D——盾构的外径，m；

　　　Δe——设计规定的始发或接收工作井预留口直径大于盾构外径的差值，m，通常始发工作井为 0.1m，接收工作井为 0.2m；

　　　Δs——测量误差，m，通常为 0.1m；

　　　Δg——盾构基座及安装高程误差，m，通常为 0.05m。

8.1.4　洞口土体加固

当洞口段土体不能满足盾构始发和接收对防水、防坍等安全要求时，必须采取加固措施，并应符合下列要求：

（1）加固方案可根据洞口附近隧道埋深、工程地质和水文地质条件、盾构类型、盾构外径、地面环境等条件确定，加固方法可选用注浆、旋喷桩、搅拌桩、玻璃纤维桩、SMW 桩、冻结法、降水法等。

（2）当洞口处于砂性土或有承压水地层时，应采取降水、堵漏等防止涌水、涌砂措施。

（3）必须对加固的钻孔位置进行复核，当确认钻孔位置无地下管线后方能开钻。孔位允许偏差为 ±40mm，垂直度允许偏差为 1‰，并应确保桩体相互搭接。

（4）对于洞口段需要加固的土体，采用不同方法加固后均须达到设计要求的强度，起到防坍、防水作用。应对洞口段土体的加固效果做检查，加固土体强度、抗渗指标必须经现场取样试验确定做强度、抗渗和土工试验验证加固效果，并应满足设计要求。如不能满足设计要求时，应分析原因并采取补强措施，以保证盾构始发和接收的安全。

8.1.5　始发前准备工作

盾构掘进施工前，应复核工作井井位里程及坐标、洞门圈制作精度和洞门圈安装后的高程和坐标；应对盾构基座、负环管片和反力架等设施及定向测量数据进行检查验收；应检查管片储备，检查盾构掘进施工的各类报表，以及完成洞口前土体加固和洞门圈密封止水装置的检查验收。

　　始发工作井内盾构基座应具备盾构组装、调试和始发所需条件；接收工作井内的盾构基座应能安全接收盾构，并满足盾构检修、解体或整体位移的要求；具有满足始发要求的反力架；工作井内应布置必要的排水或泥浆设施；洞门密封装置应满足盾构始发和接收密封要求。

8.2　单位工程定位放线

　　所有的单位工程定位放线全数检查，应符合《工程测量规范（附条文说明）》（GB 50026）的要求。

　　质量标准和检验方法如表 8-1 所示。

表 8-1　　　　　　　　　　单位工程定位放线质量标准和检验方法

类别	序号	检查项目	质量标准	检验方法及器具
主控项目	1	控制桩测设	根据建（构）筑物的主轴线设控制桩。桩深度应超过冰冻土层。各建（构）筑物不应少于 4 个	观察检查和检查测设记录
	2	平面控制桩精度	应符合二级导线的精度要求	经纬仪和钢尺检查
	3	高程控制桩精度	应符合三等水准的精度要求	水准仪检查
	4	全站仪控制桩精度	应符合现行有关标准的规定	检查测量记录

8.3　地　基　及　基　础

　　地基基础标准试件强度评定不满足要求或对试件的代表性有怀疑时，应对实体进行强度检测，当检测结果符合设计要求时，可按合格验收。

　　地基基础工程验收时应提交下列资料：岩土工程勘察报告，设计文件、图纸会审记录和技术交底资料，工程测量、定位放线记录，施工组织设计及专项施工方案，施工记录及施工单位自查评定报告，监测资料，隐蔽工程验收资料，检测与检验报告，竣工图。

　　检验批的划分和检验批抽检数量可按照《建筑工程施工质量验收统一标准》（GB 50300—2013）的规定执行。

　　原材料的质量检验应符合下列规定：钢筋、混凝土等原材料的质量检验应符合设计要求和相关标准的规定；钢材、焊接材料和连接件等原材料及成品的进场、焊接或连接检测应符合设计要求和《钢结构工程施工质量验收标准》（GB 50205—2020）的规定；

砂、石子、水泥、石灰、粉煤灰、矿（钢）渣粉等掺合料、外加剂等原材料的质量、检验项目、批量和检验方法，应符合国家现行有关标准的规定。

地基工程的质量验收宜在施工完成并在间歇期后进行，间歇期应符合国家现行标准的有关规定和设计要求。

平板静载试验采用的压板尺寸应按设计或有关标准确定。素土和灰土地基、砂和砂石地基、土工合成材料地基、粉煤灰地基、注浆地基、预压地基的静载试验的压板面积不宜小于 $1.0m^2$；强夯地基静载试验的压板面积不宜小于 $2.0m^2$。复合地基静载试验的压板尺寸应根据设计置换率计算确定。

地基承载力检验时，静载试验最大加载量不应小于设计要求的承载力特征值的两倍。

素土和灰土地基、砂和砂石地基、土工合成材料地基、粉煤灰地基、强夯地基、注浆地基、预压地基的承载力必须达到设计要求。地基承载力的检验数量每 $300m^2$ 不应少于 1 点，超过 $3000m^2$ 部分每 $500m^2$ 不应少于 1 点。每单位工程不应少于 3 点。

砂石桩、高压喷射注浆桩、水泥土搅拌桩、土和灰土挤密桩、水泥粉煤灰碎石桩、夯实水泥土桩等复合地基的承载力必须达到设计要求。复合地基承载力的检验数量不应少于总桩数的 0.5%，且不应少于 3 点。有单桩承载力或桩身强度检验要求时，检验数量不应少于总桩数的 0.5%，且不应少于 3 根。

地基处理工程的验收，当采用一种检验方法检测结果存在不确定性时，应结合其他检验方法进行综合判断。

8.3.1 基坑支护

基坑支护结构施工前应对放线尺寸进行校核，施工过程中应根据施工组织设计复核各项施工参数，施工完成后宜在一定养护期后进行质量验收。

围护结构施工完成后的质量验收应在基坑开挖前进行，支锚结构的质量验收应在对应的分层土方开挖前进行，验收内容应包括质量和强度检验、构件的几何尺寸、位置偏差及平整度等。

基坑开挖过程中，应根据分区分层开挖情况及时对基坑开挖面的围护墙表观质量、支护结构的变形、渗漏水情况以及支撑竖向支承构件的垂直度偏差等项目进行检查。

除强度或承载力等主控项目外，其他项目应按检验批抽取。

1. 地下连续墙

地下连续墙施工前应对导墙的质量进行检查。

施工中应定期对泥浆指标、钢筋笼的制作与安装、混凝土的坍落度、预制地下连续墙墙段的安放质量、预制接头、墙底注浆、地下连续墙成槽及墙体质量等进行检验。

（1）检查数量。

主控项目需要检查墙体强度、垂直度和深度。

在墙体强度检查中，抗压强度试件每一槽段不应少于1组，且每50m³混凝土不应少于1组，且每幅槽段不应少于1组，每组3件。垂直度应全数量检查。

一般项目是进行全数检查。

墙身混凝土抗渗试块每5幅槽段不应少于1组，每组为6件。作为永久结构的地下连续墙，其抗渗质量标准可按《地下防水工程质量验收规范》（GB 50208—2011）的规定执行。

作为永久结构的地下连续墙墙体施工结束后，应采用声波透射法对墙体质量进行检验，同类型槽段的检验数量不应少于10%，且不得少于3幅。

（2）质量标准和检验方法。地下连续墙质量标准和检验方法如表8-2所示。

表 8-2　　　　　　　　　　　　地下连续墙质量标准和检验方法

类别	序号	检查项目		质量标准	检验方法及器具
主控项目	1	墙体强度		不小于设计值	28d 试块强度或钻芯法
	2	槽壁垂直度	永久结构	1/300	100%超声波2点/幅
			临时结构	1/200	20%超声波2点/幅
	3	槽段深度		不小于设计值	测绳2点/幅
一般项目	1	导墙尺寸	宽度	$W+40$mm	用钢尺量，W 为地下墙设计厚度
			墙面平整度	±5mm	用钢尺量
			平面位置	≤10mm	用钢尺量
			导墙顶标高	±20mm	水准仪测量
			垂直度	≤1/500	用线锤测
	2	沉渣厚度	永久结构	≤100mm	100%测绳2点/幅
			临时结构	≤150mm	
	3	槽段位	永久结构	≤30mm	钢尺1点/幅
			临时结构	≤50mm	
	4	槽段宽度	永久结构	不小于设计值	100%超声波2点/幅
			临时结构	不小于设计值	20%超声波2点/幅
	5	混凝土坍落度		180～220mm	坍落度仪
	6	表面平整度	永久结构	±100mm	用钢尺量
			临时结构	±150mm	
			插入式结构	±20mm	
	7	永久结构时的预埋件位置	轴线位置	≤10mm	用钢尺量
			底模上表面标高	≤20mm	水准仪测量
	8	永久结构的渗漏水		无渗漏、线流，且不大于 0.1L/（m²·d）	现场检验

泥浆性能质量标准和检验方法如表 8-3 所示。

表 8-3　　　　　　　　　　泥浆性能质量标准和检验方法

类别	序号	检查项目			质量标准	检验方法及器具
一般项目	1	新拌制泥浆	比重		1.03~1.10	比重计
			黏度	黏性土	20~25s	黏度计
				砂土	25~35s	
	2	循环泥浆	比重		1.05~1.25	比重计
			黏度	黏性土	20~30s	黏度计
				砂土	30~40s	
	3	清槽后的泥浆	比重	黏性土	1.10~1.15	比重计
				砂土	1.10~1.20	
			黏度		20~30s	黏度计
			含砂率		≤7%	洗砂瓶

2. 地下连续墙钢筋笼

全数进行检查。

地下连续墙钢筋笼质量标准和检验方法如表 8-4 所示。

表 8-4　　　　　　　　　地下连续墙钢筋笼质量标准和检验方法

类别	序号	检查项目		质量标准	检验方法及器具
主控项目	1	钢筋笼长度		±100mm	用钢尺检查
	2	钢筋笼宽度		0，20mm	用钢尺检查
	3	主筋间距偏差		±10mm	用钢尺检查
	4	钢筋笼安装标高	临时结构	±20mm	用钢尺检查
			永久结构	±15mm	
一般项目	1	分布筋间距		±20mm	用钢尺检查
	2	预埋件及槽底注浆管中心位置	临时结构	≤10mm	用钢尺检查
			永久结构	≤5mm	用钢尺检查
	3	预埋钢筋和接驳器中心位置	临时结构	≤10mm	用钢尺检查
			永久结构	≤5mm	用钢尺检查
	4	钢筋笼制作平台平整度		±20mm	用钢尺检查

3. 水泥土搅拌桩

水泥土搅拌桩施工前应检查水泥及掺合料的质量、搅拌桩机性能及计量设备完好程度。施工中应检查机头提升速度、水泥浆或水泥注入量、搅拌桩的长度及标高，并应对开挖面桩身外观质量以及桩身渗漏水等情况进行质量检查。施工结束后，应检查桩体强度、桩体直径及地基承载力。

（1）主控项目。

1）承载力、桩体强度检验。水泥土搅拌桩的桩身强度应满足设计要求，强度检测宜采用钻芯法。验收数量为总数的 0.5%～1%，但不应少于 3 处。有单桩强度检验要求时，数量为总数的 0.5%～1%，但不应少于 3 根，或按设计要求的检验方案抽样检测。

2）水泥。应按同一生产厂家、同一等级、同一品种、同一批号且连续进场的水泥，袋装不超过 100t 为一批，散装不超过 200t 为一批，每批抽样至少 1 次。

3）外加剂。应按进场的批次和产品的抽样检验方案确定。

（2）一般项目：按桩数至少抽查 20%。水泥土搅拌桩工程质量标准和检验方法如表8-5 所示。

表 8-5　　　　　　　　　　水泥土搅拌桩工程质量标准和检验方法

类别	序号	检查项目	质量标准	检验方法及器具
主控项目	1	桩身强度	不小于设计值	28d 试块强度或钻芯法
	2	水泥用量	不小于设计值	查看流量表
	3	桩长	不小于设计值	测钻杆长度
	4	地基承载力	符合设计要求	检查检测报告
	5	导向架垂直度	≤1/250	经纬仪测量
	6	水泥及外加剂质量	符合设计要求和有关标准的规定	查产品合格证书及进场复验报告
	7	桩径	±20mm	用钢尺检查
一般项目	1	水胶比	设计值	实际用水量与水泥等胶凝材料的质量比
	2	桩位	≤50mm	全站仪或用钢尺量
	3	桩顶标高	+100～50mm	水准测量
	4	桩底标高	±200mm	测机头深度
	5	提升速度	设计值	测机头上升距离及时间
	6	下沉速度	设计值	测机头下沉距离及时间
	7	施工间歇	≤24h	检查施工记录
	8	搭接	>200mm	用钢尺检查

4. 加筋水泥土搅拌桩

加筋水泥土搅拌桩的质量检查与验收分为施工期间过程控制、成墙质量验收和基坑开挖期检查 3 个阶段。

施工期间过程控制的内容应包括施工机械性能、材料质量、搅拌桩和型钢的定位、长度、标高、垂直度，搅拌桩的水灰比、水泥产量，搅拌下沉与提升速度，浆液的泵压、泵送量与喷浆均匀度，水泥土试样的制作，外加剂产量，搅拌桩施工间歇时间及型钢的规格，拼接焊缝质量等。

加筋水泥土搅拌桩施工前，应对进场的 H 型钢进行检验。焊接 H 型钢焊缝质量应符合设计要求和《钢结构焊接规范》(GB 50661—2011) 和《焊接 H 型钢》(YB/T 3301—2005) 的规定。

基坑开挖前应检验水泥土桩体强度，强度指标应符合设计要求。墙体强度宜采用钻芯法确定。

（1）主控项目。

1) 承载力、桩体强度检验。验收数量不应少于总桩数的 2%，但不应少于 3 处。有单桩强度检验要求时，数量不应少于总桩数的 2%，但不应少于 3 根，或按设计要求的检验方案抽样检测。

2) 水泥。应按同一生产厂家、同一等级、同一品种、同一批号且连续进场的水泥，袋装不超过 100t 为一批，散装不超过 200t 为一批，每批抽样至少 1 次。

3) 外加剂。应按进场的批次和产品的抽样检验方案确定。

（2）一般项目。按桩数至少抽查 20%。加筋水泥土搅拌桩工程质量标准和检验方法见表 8-6。

表 8-6   加筋水泥土搅拌桩工程质量标准和检验方法

类别	序号	检查项目	质量标准	检验方法及器具
主控项目	1	桩身强度	不小于设计值	28d 试块强度或钻芯法
	2	水泥用量	不小于设计值	查看流量表
	3	桩长	不小于设计值	测钻杆长度
	4	地基承载力	符合设计要求	检查检测报告
	5	导向架垂直度	≤1/250	经纬仪测量
	6	水泥及外加剂质量	符合设计要求和有关标准的规定	查产品合格证书及进场复验报告
	7	桩径	±20mm	用钢尺检查
一般项目	1	水胶比	设计值	实际用水量与水泥等胶凝材料的质量比
	2	桩位	≤50mm	全站仪或用钢尺量
	3	桩顶标高	+100～50mm	水准测量
	4	桩底标高	±200mm	测机头深度
	5	提升速度	设计值	测机头上升距离及时间
	6	下沉速度	设计值	测机头下沉距离及时间
	7	施工间歇	≤24h	检查施工记录
	8	搭接	>200mm	用钢尺检查

续表

类别	序号	检查项目	质量标准	检验方法及器具
一般项目	9	型钢长度	±10mm	用钢尺量
	10	型钢垂直度	<1%	用经纬仪
	11	型钢插入标高	±30mm	水准仪
	12	型钢插入平面位置	≤10mm	水准仪

5. 锚杆支护

锚杆施工前应对钢绞线、锚具、水泥、机械设备等进行检验。锚杆施工中应对锚杆位置，钻孔直径、长度及角度，锚杆杆体长度，注浆配比、注浆压力及注浆量等进行检验。锚杆应进行抗拔承载力检验，检验数量不宜少于锚杆总数的5%，且同一土层中的锚杆检验数量不应少于3根。

(1) 主控项目。

1) 抗拔承载力：每一典型土层中至少应有3个专门用于测试的非工作锚杆。

2) 锚杆长度：至少应抽查20%。

3) 锚固体强度。

4) 预加力。

(2) 一般项目。

1) 砂浆强度：每批至少留取3组试件，给出3天和28天强度。

2) 混凝土强度：每喷射 $50\sim100\mathrm{m^3}$ 混合料或混合料小于 $50\mathrm{m^3}$ 的独立工程，不得少于1组，每组试块不得少于3个；材料或配合比变更时，应另做1组。

3) 其他一般项目：至少应抽查20%。

进行抗拔承载力检测的锚杆应随机抽样，检测试验应在注浆固结体强度达到15MPa或达到设计强度的75%后进行。

锚杆支护工程质量标准和检验方法如表8-7所示。

表 8-7　　　　　　　　　锚杆支护工程质量标准和检验方法

类别	序号	检查项目	质量标准	检验方法及器具
主控项目	1	抗拔承载力	不小于设计值	锚杆抗拔试验
	2	锚杆长度	不小于设计值	用钢尺检查
	3	锚固体强度	不小于设计值	试块强度
	4	预加力	不小于设计值	检查压力表读数
一般项目	1	钻孔孔位	≤100mm	用钢尺量
	2	锚杆直径	不小于设计值	用钢尺量

类别	序号	检查项目	质量标准	检验方法及器具
一般项目	3	钻孔倾斜度	≤3°	测倾角
	4	水胶比	设计值	实际用水量与水泥等胶凝材料的重量比
	5	注浆量	不小于设计值	查看流量表
	6	注浆压力	设计值	检查压力表读数
	7	自由段套管长度	±50mm	用钢尺量

6. 钢或混凝土支撑系统

内支撑施工前，应对放线尺寸、标高进行校核。对混凝土支撑的钢筋和混凝土、钢支撑的产品构件和连接构件以及钢立柱的制作质量等进行检验。

施工中应对混凝土支撑下垫层或模板的平整度和标高进行检验。

施工结束后，对应的下层土方开挖前应对水平支撑的尺寸、位置、标高、支撑与围护结构的连接节点、钢支撑的连接节点和钢立柱的施工质量进行检验。

检查数量：全数检查。

混凝土支撑的质量标准和检验方法如表 8-8 所示。

表 8-8 混凝土支撑的质量标准和检验方法

类别	序号	检查项目	质量标准	检验方法及器具
主控项目	1	混凝土强度	不小于设计值	28d 试块强度
	2	截面宽度	+20.0mm	用钢尺量
	3	截面高度	+20.0mm	用钢尺量
一般项目	1	标高	+20.0mm	水准测量
	2	轴线平面位置	≤20mm	用钢尺量
	3	支撑于垫层或模板的隔离措施	设计要求	目测法

钢支撑的质量标准和检验方法如表 8-9 所示。

表 8-9 钢支撑的质量标准和检验方法

类别	序号	检查项目	质量标准	检验方法及器具
主控项目	1	外轮廓尺寸	±5mm	用钢尺量
	2	预加顶力	±10%	应力监测
一般项目	1	轴线平面位置	≤30mm	用钢尺量
	2	连接质量	设计要求	超声波或射线探伤

钢立柱的质量标准和检验方法如表 8-10 所示。

表 8-10 钢立柱的质量标准和检验方法

类别	序号	检查项目	质量标准	检验方法及器具
主控项目	1	截面尺寸（立柱）	≤5mm	用钢尺量
	2	立柱长度	±50mm	用钢尺量
	3	垂直度	≤1/200	经纬仪测量
一般项目	1	立柱挠度	≤1/500	
	2	截面尺寸（缀板或缀条）	≥−1mm	用钢尺量
	3	缀板间距	±20mm	用钢尺量
	4	钢板厚度	≥−1mm	用钢尺量
	5	立柱顶标高	±20mm	水准测量
	6	平面位置	≤20mm	用钢尺量
	7	平面转角	≤5°	用量角器量

7. 土钉墙支护

土钉墙支护工程施工前应对钢筋、水泥、砂石、机械设备性能进行检验。

土钉墙支护工程施工过程中应进行放坡系数、土钉位置，土钉孔直径、深度及角度，土钉杆体长度，注浆配比、注浆压力及注浆量、喷射混凝土面层厚度、强度进行检验。

土钉应进行抗拔承载力检验，检查数量不宜少于土钉总数的1%，且同一土层中的土钉检查数量不应小于3根。

土钉墙支护的质量标准和检验方法如表 8-11 所示。

表 8-11 土钉墙支护的质量标准和检验方法

类别	序号	检查项目	质量标准	检验方法及器具
主控项目	1	抗拔承载力	不小于设计值	土钉抗拔试验
	2	土钉长度	不小于设计值	用钢尺量
	3	分层开挖厚度	±200mm	水准仪或用钢尺量
一般项目	1	土钉位置	±100mm	用钢尺量
	2	土钉直径	不小于设计值	用钢尺量
	3	土钉孔倾斜度	≤3°	测倾角
	4	水胶比	设计值	实际用水量与水泥等胶凝材料的质量比
	5	注浆量	不小于设计值	查看流量表
	6	浆体强度	不小于设计值	试块强度
	7	钢筋网间距	±30mm	用钢尺量
	8	土钉层面厚度	±10mm	用钢尺量

类别	序号	检查项目	质量标准	检验方法及器具
一般项目	9	断层混凝土强度	不小于设计值	28d 试块强度
	10	预留土墩尺寸及间距	±500mm	用钢尺量
	11	微型桩桩位	≤50mm	全站仪或用钢尺量
	12	微型桩垂直度	≤1/200mm	经纬仪测量

8.3.2 土方

1. 土方开挖

在土石方工程开挖施工前，应完成支护结构、地面排水、地下水控制、基坑及周边环境监测、施工条件验收和应急预案准备等工作的验收，合格后方可进行土石方开挖。

在土石方工程开挖施工中，应定期测量和校核设计平面位置、边坡坡率和水平标高。平面控制桩和水准控制点应采取可靠措施加以保护，并应定期检查和复测。土石方不应堆在基坑影响范围内。

施工前应检查支护结构质量、定位放线、排水和地下水控制系统，以及对周边影响范围内地下管线和建（构）筑物保护措施的落实，并应合理安排土方运输车辆的行走路线及弃土场。附近有重要保护设施的基坑，应在土方开挖前对围护体的止水性能通过预降水进行检验。

施工中应检查平面位置、水平标高、边坡坡率、压实度、排水系统、地下水控制系统、预留土墩、分层开挖厚度、支护结构的变形，并随时观测周围环境变化。

施工结束后应检查平面几何尺寸、水平标高、边坡坡率、表面平整度和基底土性等。

（1）主控项目。

1）长度、宽度和标高检查：柱基、基坑，每20m²抽查1处，但每个基坑不应少于1处；基槽、管沟每20延米抽查1处，但不应少于3处；平整后的场地及地（路）面基层表面标高应逐点检查，检查点为每100～400m²取1点，但不应少于10点；长度、宽度检查均为每20m取1点，每边不应少于1点。

2）边坡检查：每20m取1点，每段边坡至少测3点。

3）开挖区的平面尺寸检查：全数检查。

（2）一般项目。

1）平整度检查：柱基、基坑，每20m²抽查1处，但每个基坑不应少于1处；基槽、管沟每20延米抽查1处，但不应少于3处；平整后的场地及地（路）面基层表面平整度应逐点检查。检查点为每100～400m²取1点，但不应少于10点。

2）基底土性：全数检查。

土方开控质量标准和检验方法如表 8-12 所示。

表 8-12　　　　　　　　　　土方开挖质量标准和检验方法

类别	序号	检查项目	质量标准	检验方法及器具
主控项目	1	标高	0 −50mm	水准测量
	2	长度、宽度（由设计中心线向两边量）	+200mm −50mm	全站仪或钢尺量
	3	坡率	设计值	目测法或用坡度尺检查
一般项目	1	表面平整度	±20mm	用 2m 靠尺
	2	基底土性	设计要求	目测法或土样分析

2. 土方回填

施工前应检查基底的垃圾、树根等杂物清除情况，测量基底标高、边坡坡率，检查验收基础外墙防水层和保护层等。应将回填料的性质和条件通过试验分析，然后根据施工区域土料特性确定其回填部位和方法，按不同质量要求合理调配土石方，回填料应符合设计要求，并根据不同的土质和回填质量要求选择合理的压实设备及方法，确定回填料含水量控制范围、铺土厚度、压实遍数等施工参数。回填料的施工含水量与最佳含水量之差可控制在规定的范围内（−6%～+2%），取样的频率宜为 5000m³ 取 1 次，或土质发生变化时取样。

施工中应检查排水系统、每层填筑厚度、辗迹重叠程度、含水量控制、回填土有机质含量、压实系数等。回填施工的压实系数应满足设计要求。当采用分层回填时，应在下层的压实系数经试验合格后进行上层施工。填筑厚度及压实遍数应根据土质、压实系数及压实机具确定。

施工结束后，应进行标高及压实系数检验。对重要工程土石方回填的施工参数（每层填筑厚度、压实遍数和压实系数）均应做现场试验确定或由设计提供。检测回填料压实系数的方法一般采用环刀法、灌砂法、灌水法。

回填料每层压实系数应符合设计要求。采用环刀法取样时，基坑每层按 100～500m² 取样 1 组，且每层不少于 1 组；取样部位应在每层压实后的下半部。回填材料条件变化或来源变化时，应分别取样检测。

采用灌砂或灌水法取样时，取样数量可较环刀法适当减少，但每层不少于 1 组。

基坑肥槽不得带水回填，回填应密实。检查方法：观察，检查施工记录。

（1）主控项目。

1）标高检查。柱基、基坑，每 20m² 抽查 1 处，但每个柱基、基坑不应少于 1 处；基槽、管沟每 20 延米抽查 1 处，但不应少于 3 处；平整后的场地及地（路）面基层表面应逐点检查，检查点为每 100~400m² 取 1 点，但不应少于 10 点。

2）压实系数。场地平整：每层 100~400m² 取 1 组；单独基坑：20~50m² 取 1 组，且不得少于 1 组；沟道及基础：每层 20~50m² 取 1 组，其他 50~200m² 取 1 组。

（2）一般项目。

1）回填土料：应全数检查。

2）分层厚度、含水率：每层填筑厚度及压实遍数应根据土质、压实系数及所用机具确定。如设计无要求时，应按《建筑地基基础工程施工质量验收规范》（GB 50202—2018）执行。

3）平整度检查：基坑，每 20m² 抽查 1 处，但每个基坑不应少于 1 处；基槽、管沟每 20 延米抽查 1 处，但不应少于 3 处；平整后的场地及地（路）面基层表面应逐点检查。检查点为每 100~400m² 取 1 点，但不应少于 10 点。

土方回填质量方法和检验方法如表 8-13 所示。

表 8-13 土方回填质量标准和检验方法

类别	序号	检查项目	质量标准	检验方法及器具
主控项目	1	标高	0 —50mm	水准测量
	2	分层压实系数	不小于设计值	环刀法、灌水法、灌砂法
一般项目	1	回填土料	设计要求	取样检查或直接鉴别
	2	分层厚度	设计值	水准测量及抽样检查
	3	含水量	最优含水量±2%	烘干法
	4	表面平整度	±20mm	用 2m 靠尺
	5	有机质含量	≤5%	灼烧减量法
	6	碾迹重叠长度	500~1000mm	用钢尺量

8.3.3 混凝土灌注桩

（1）主控项目。

承载力检验：应按现行有关标准或按设计要求的检验方案抽样检测。

桩体质量检验：对设计等级为甲级或地质条件复杂、成桩质量可靠性低的灌注桩，抽检数量不应少于总数的 30%，且不应少于 20 根；其他桩基工程的抽检数量不应少于总数的 20%，且不应少于 10 根；对地下水位以上且终孔后经过核验的灌注桩，检验数量不应少于总桩数的 10%，且不得少于 10 根。每个柱子承台下不得少于 1 根。

混凝土强度试件：每浇筑 50m³ 必须有 1 组试件，小于 50m³ 的桩每根桩必须有 1 组试件。

桩位偏差：全数检查。

（2）一般项目：全数检查。

（3）泥浆护壁灌注桩。

泥浆护壁灌注桩施工前应检验灌注桩的原材料及桩位处的地下障碍物处理资料。施工中应对成孔、钢筋笼制作与安装、水下混凝土灌注等各项质量指标进行检查验收；嵌岩桩应对桩端的岩性和入岩深度进行检验。施工后应对桩身完整性、混凝土强度及承载力进行检验。

泥浆护壁成孔灌注桩的承载力由桩侧摩阻力及桩端阻力构成，孔径等成孔质量直接影响承载力的大小。钢筋笼的刚度影响钢筋笼吊装质量，垫块安装、钢筋笼的安装精度决定着钢筋笼安装后保护层的厚度是否满足要求。钢筋笼的直径不宜过大也不宜过小，过大会造成保护层厚度不够，过小则会造成灌注桩抗弯能力减弱，不利于结构的安全。

嵌岩桩为端承桩，承载力主要由桩端阻力构成，桩端阻力的发挥与桩端的岩性及嵌岩深径比密切相关，岩石强度越大，硬度越大，嵌岩深度越大，桩端阻力的发挥就越充分，因此验收时对嵌岩桩的桩端岩性及嵌岩深度的检验尤其重要。

关于垂直度、孔径的检测方法，国内部分地区使用探笼测量，也具有一定的经济性和可行性。

泥浆护壁成孔灌注桩工程质量标准和检验方法如表 8-14 所示。

表 8-14　　　　　　　　泥浆护壁成孔灌注桩工程质量标准和检验方法

类别	序号	检查项目			质量标准	检验方法及器具
主控项目	1	承载力			不小于设计值	静载试验
	2	孔深			不小于设计值	用测绳或井径仪测量
	3	桩身完整性			符合《建筑基桩检测技术规范》（JGJ 106—2014）的规定	钻芯法、低应变法、声波透射法
	4	混凝土强度			不小于设计值	28d 试块强度或钻芯法
	5	嵌岩深度			不小于设计值	取岩样或超前钻孔取样
一般项目	1	垂直度			≤1/100	用超声波或井经仪测量
	2	孔径			≥0mm	用超声波或井经仪测量
	3	桩位		$D<1000$mm	≤70+0.01H	全站仪或钢尺量开挖前量护筒，开挖后量桩中心
				$D≥1000$mm	≤100+0.01H	
	4	泥浆指标	比重（黏土或砂性土）		1.10～1.25	用比重计测，清孔后再距孔底 500mm 处取样
			含砂率		≤8%	洗砂瓶
			黏度		18～28s	黏度计
	5	泥浆面标高（高于地下水位）			0.5～1.0m	目测法
	6	沉渣厚度	端承桩		≤50mm	用沉渣仪或重锤测
			摩擦桩		≤150mm	
	7	混凝土坍落度			180～220mm	坍落度仪

类别	序号	检查项目		质量标准	检验方法及器具
一般项目	8	混凝土充盈系数		≥1.0	实际灌注量与计算灌注量的比
	9	桩顶标高		+30、−50mm	水准测量，需扣除桩顶浮浆层及劣质桩体
	10	后注浆	注浆中止条件	注浆量不小于设计要求	查看流量表
				注浆量不小于设计要求80%，且注浆压力达到设计值	查看流量表，检查压力表读数
			水胶比	设计值	实际用水量与水泥等胶凝材料的质量比
	11	扩底桩	扩底直径	不小于设计值	井经仪测量
			扩地高度	不小于设计值	
	12	钢筋笼质量	主筋间距	±10mm	用钢尺量
			长度	±100mm	用钢尺量
			钢筋材质检验	设计要求	抽样送检
			箍筋间距	±20mm	用钢尺量
			笼直径	±20mm	用钢尺量

注 H 为桩基施工面至设计桩顶的距离，单位为 mm；D 为设计桩径，单位为 mm。

（4）干作业灌注桩。干作业成孔灌注桩施工前应对原材料、施工组织设计中制定的施工顺序、主要成孔设备性能指标、监测仪器、监测方法、保证人员安全的措施或安全专项施工方案等进行检查验收。施工中应检验钢筋笼质量、混凝土坍落度、桩位、孔深、桩顶标高等。施工结束后应检验桩的承载力、桩身完整性及混凝土的强度。人工挖孔桩应复验孔底持力层土岩性，嵌岩桩应有桩端持力层的岩性报告。

对于人工挖孔桩而言，施工人员下井进行施工，需配备保证人员安全的措施，主要包括防坠物伤人措施、防塌孔措施、防毒措施及安全逃生措施等。

在现场施工条件允许的条件下，为了增强混凝土质量，应尽量采取低坍落度的混凝土，干作业成孔灌注桩相较于湿作业成孔灌注桩，浇筑条件较为方便，因此采用的坍落度较小。

干作业成孔灌注桩工程质量标准和检验方法如表 8-15 所示。

表 8-15 干作业成孔灌注桩工程质量标准和检验方法

类别	序号	检查项目	质量标准	检验方法及器具
主控项目	1	承载力	不小于设计值	静载试验
	2	孔深及孔底土岩性	不小于设计值	测钻杆套管长度或用测绳、检查孔底土岩性报告
	3	桩身完整性	符合《建筑基桩检测技术规范》（JGJ 106—2014）的规定	钻芯法、低应变法、声波透射法

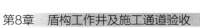

续表

类别	序号	检查项目		质量标准	检验方法及器具
主控项目	4	混凝土强度		不小于设计值	28d 试块强度或钻芯法
	5	桩径		≥0mm	井径仪或超声波监测，干作业时用钢尺量，人工挖孔桩不包括护壁厚
一般项目	1	垂直度		≤1/100	经纬仪测量或线锤测量
	2	桩顶标高		+30、−50mm	水准测量
	3	桩位		≤70+0.01H	全站仪或钢尺量开挖前量护筒，开挖后量桩中心
	4	混凝土坍落度		90～150mm	坍落度仪
	5	钢筋笼质量	主筋间距	±10mm	用钢尺量
			长度	±100mm	用钢尺量
			钢筋材质检验	设计要求	抽样送检
			箍筋间距	±20mm	用钢尺量
			笼直径	±10mm	用钢尺量

（5）沉管灌注桩。沉管灌注桩拔管速度过快会引起桩身缩径甚至断桩，因此规定拔管速度控制在 1.2～1.5m/min 为宜。沉管灌注桩工程质量标准和检验方法如表 8-16 所示。

表 8-16 沉管灌注桩工程质量标准和检验方法

类别	序号	检查项目		质量标准	检验方法及器具
主控项目	1	承载力		不小于设计值	静载试验
	2	桩身完整性		符合《建筑基桩检测技术规范》（JGJ 106—2014）的规定	低应变法
	3	混凝土强度		不小于设计值	28d 试块强度或钻芯法
	4	桩长		不小于设计值	施工中量钻杆或套管长度，施工后钻芯或低应变法
一般项目	1	桩径	D<500mm	≥0mm	用钢尺量
			D≥500mm		
	2	混凝土坍落度		80～100mm	坍落度仪
	3	垂直度		≤1/100	经纬仪测量
	4	桩位	D<500mm	≤70+0.01H	全站仪或钢尺量开挖前量护筒，开挖后量桩中心
			D≥500mm	≤50+0.005H	
	5	拔管速度		1.2～1.5m/min	用钢尺量及秒表
	6	桩顶标高		+30、−50mm	水准测量
	7	钢筋笼笼顶标高		±100mm	水准测量

8.3.4　高压喷射注浆地基

高压喷射注浆材料宜采用普通硅酸盐水泥。所用外加剂及掺合料的数量应通过试验确定。

水泥使用前需做质量鉴定，搅拌水泥浆所用水应符合混凝土拌合用水的标准，使用的水泥都应过筛选，制备好的浆液不得离析，拌制浆液的筒数、外加剂的用量等应有专人记录。外加剂和掺和料的选用及掺量应通过室内配比试验或现场试验确定。水泥浆液的水胶比越小，高压喷射注浆处理地基的强度越高。但水胶比也不宜过小，以免造成喷射困难。

施工前应检验水泥、外掺剂等的质量、桩位、浆液配比、高压喷射设备的性能等，并应对压力表、流量表进行检定或校准。施工中应检查压力、水泥浆量、提升速度、旋转速度等施工参数及施工程序。施工结束后，应检验桩体的强度和平均直径以及单桩与复合地基的承载力等。桩体质量及承载力检验应在施工结束后28d进行。

（1）主控项目。承载力、桩体强度或完整性检验：验收数量为总数的0.5%～1%，但不应少于3处。有单桩强度检验要求时，数量为总数的0.5%～1%，但不应少于3根，或按设计要求的检验方案抽样检测；

水泥：按同一生产厂家、同一等级、同一品种、同一批号且连续进场的水泥，袋装不超过100t为一批，散装不超过200t为一批，每批抽样至少1次。

（2）一般项目。按桩数至少抽查20%。高压喷射注浆地基工程质量标准和检验方法如表8-17所示。

表8-17　　　　　　　　　　高压喷射注浆地基工程质量标准和检验方法

类别	序号	检查项目	质量标准	检验方法及器具
主控项目	1	地基承载力	不小于设计值	静载试验
	2	单桩承载力	不小于设计值	静载试验
	3	水泥用量	不小于设计值	查看流量表及水泥浆水灰比
	4	桩长	不小于设计值	测钻杆长度
	5	桩体强度	不小于设计值	28d试块强度或钻芯法
	6	桩数	不小于设计值	观察、检查施工记录
	7	水泥及外加剂质量	不小于设计值	查产品合格证书及进场复验报告
一般项目	1	水胶比	设计值	实际用水量与水泥等胶凝材料的重量比
	2	钻孔位置	≤50mm	用钢尺检查
	3	钻孔垂直度	≤1/100	经纬仪测钻杆
	4	桩位	≤0.2D	开挖后桩顶下500mm处用钢尺检查

类别	序号	检查项目	质量标准	检验方法及器具
主控项目	5	桩径	≥−50mm	用钢尺检查
	6	桩顶标高	不小于设计值	水准测量，最上部500mm浮浆层及劣质桩体不计入
	7	喷射压力	设计值	检查压力表读数
	8	提升速度	设计值	测机头上升距离及时间
	9	旋转速度	设计值	现场测定
	10	褥垫层夯填度	≤0.9	水准测量
	11	桩体搭接	＞200mm	用钢尺检查

8.3.5　冻结工程

1. 冻结钻孔

冻结管材料质量和加工要求：每根冻结管由若干钢管及底锥用接箍连接或直接焊接而成，管体、接箍、底锥以及焊条的材质要匹配，强度、脆化温度转化点、拉伸率、冲击韧性等机械力学性能指标以及规格质量应符合冻结设计要求。

为防止盐水泄漏，冻结管的压力试漏应符合冻结设计要求。

冻结孔施工质量是关系到冻结工程成功与否的关键因素，应符合设计要求。考虑到辅助冻结孔、防片帮孔开孔间距较大，加上偏斜率计算的偏斜值，会大于3m或者5m，因此，辅助冻结孔、防片帮孔开孔间距不受3m或5m的限制。

水位观测孔的位置、深度、结构应符合设计要求，开孔位置应避开提升吊桶的位置，成孔位置不得偏入冻结壁内；深度应进入冲积层最下部含水层中；结构应满足正常检测水位为前提，各含水层组的水位相差较大时不宜采用混合检测水位的方法，否则影响冻结壁的正常交圈。

检查数量：全数检查。

冻结钻孔质量标准和检验方法见表8-18。

表 8-18　　　　　　　冻结钻孔质量标准和检验方法

类别	序号	验收项目	质量标准	检查方法及器具
主控项目	1	主冻结管、辅助冻结管、防片帮冻结管及其接箍、底锥、焊条的品种、材质	应符合冻结设计的要求	检查出厂合格证或出厂质量证明
	2	主冻结管、辅助冻结管、防片帮冻结管直径和壁厚	应符合冻结设计要求	检查冻结管下放记录和现场抽查

续表

类别	序号	验收项目	质量标准	检查方法及器具
主控项目	3	冻结管、辅助冻结管、防片帮冻结管压力试漏	应符合冻结设计的要求	检查压力试验记录、检查报告或现场抽查复试
	4	主冻结孔偏斜率和孔的间距	位于冲积层的钻孔偏斜率不宜大于3‰，但相邻两个钻孔终孔的间距不得大于3.0m，并应符合设计要求。位于风化带含水基岩的钻孔偏斜率不宜大于5‰，但相邻两个钻孔终孔的间距不得大于5.0m。辅助冻结孔、防片帮冻结孔的孔间距不受此限	检查钻孔成孔测斜记录和成孔总平面偏斜投影图
	5	冻结管、供液管下管深度	不应小于设计深度	检查冻结孔下管记录或现场抽查复测
	6	水位观测孔（或管）的位置、深度、结构	应符合设计规定，并应能正常检测水位变化情况	检查观测孔的结构、施工记录和水位管原始记录
	7	钻孔泥浆性能	应符合冻结施工组织设计要求	检查原材料合格证或化验单和泥浆性能试验记录

2. 冻结制冷

冻结站的设备型号、规格、数量和安装质量与冻结站的正常运行密切相关，应符合冻结设计的要求。

冻结壁交圈的时间是确定冻结段开挖时间的重要依据，直接影响冻结段能否快速安全施工，应按照冻结设计规定，加强观测和分析。

冻结壁有效厚度和平均温度是计算冻结壁强度和稳定性的重要参数，应按照冻结设计要求，加强对不同深度、不同土层冻结壁温度状况的检测和分析，为保证冻结段快速安全施工提供依据。

冻结管断裂往往是由冻结壁强度不达标，冻结壁径向位移超标，冻结管材质与强度、焊接质量不合格等因素综合作用的结果，主要对策是加强冻结以提高冻结壁的有效厚度和平均温度，限制掘进段高与缩短井帮裸露时间以及减少冻结壁径向位移量等综合防治措施。

冻结井壁附近的抽水井和提供新鲜冷却水的水源井位置、抽水量对冻结壁交圈时间影响较大，水质、水量、冷却方式冷却系统主要影响制冷质量，二者均应满足设计要求。

低温设备和低温管路的隔热质量是影响冷冻站冷量损失和冻结费用的重要因素，应引起足够重视。

无论是回收过的冻结管的冻结孔或未回收的冻结管，都应按要求充填，以防止上部地层水经此通道导入井巷内，并防止井筒周围产生较大的不均匀地压。

检查数量：全数检查。

制冷冻结质量标准和检验方法如表 8-19 所示。

表 8-19　　　　　　　　　　　制冷冻结质量标准和检验方法

类别	序号	验收项目				质量标准	检查方法及器具
主控项目	1	冻结制冷的制冷系统、冷却水系统、盐水系统的设备型号、规格、数量和安装质量				应符合冻结设计要求	检查产品说明书、出厂合格证、安装质量验收报告
	2	压力试漏	制冷系统	高压段		≥1.8MPa	检查压力试验记录和检验验收报告
				中压段		≥1.4MPa	
				低压端	压气	≥1.2MPa	
					负压	≥0.94×当时当地大气压	
			地面盐水管路			≥0.75MPa	
	3	冻结器、盐水干管的盐水流量与温度的检测装置和安装质量				应符合冻结施工组织设计要求	对照冻结施工组织设计，检查盐水管路、冻结器的安装记录和检验结果
	4	冻结壁形成期的盐水温度和盐水流量				盐水温度不应高于设计值的2℃，盐水量应符合施工组织设计要求	对照设计，检查每天的盐水温度实测记录；每月实测盐水流量不少于1次
	5	冻结壁的交圈时间				应符合冻结施工组织设计要求且延迟不宜超过10d	对照设计检查、分析不同含水层的水位变化和冻结壁交圈时间
	6	冻结壁有效厚度和平均温度				应满足井筒冻结段安全、连续施工的要求	对照设计检查、分析冻结壁的有效厚度、平均温度和安全掘进段高
	7	冻结管工作状况				应满足井筒冻结段安全掘砌的要求	对照设计检查、逐孔检查，分析冻壁器的盐水流量和温度实测记录
	8	冻结站冷却水系统的补给水源井位置、水量，管路、储水池、排水沟的安装、施工质量				应满足冻结施工组织设计的要求	逐孔检查，对照设计分项检查冷却水系统的安装（施工）记录和检验结果
	9	冻结站制冷系统的低温设备、管路和地面盐水管路的保温质量				应符合冻结施工组织设计要求	对照设计，检查冻结站内、外低温设备、管路的安装记录和验收记录
一般项目	1	冻结管的充填质量				应符合冻结设计要求	现场检查，或检查冻结管的充填记录

8.3.6 地下防水

1. 防水混凝土

防水混凝土所用的水泥、砂、石、水、外加剂及掺合料等原材料的品质、配合比的正确与否及坍落度大小，都直接影响防水混凝土的密实性、抗渗性，因此必须严格控制，以符合设计要求。在施工过程中，应检查产品合格证书、产品性能检测报告，计量措施和材料进场检验报告。

防水混凝土应连续浇筑，宜少留施工缝，以减少渗水隐患。墙体上的垂直施工缝宜与变形缝相结合。墙体最低水平施工缝应高出底板表面300mm，距墙孔洞边缘不应小于300mm，并避免设在墙体承受剪力最大的部位。

变形缝应考虑工程结构的沉降、伸缩的可变性，并保证其在变化中的密闭性，不产生渗漏水现象。变形缝处混凝土结构的厚度不应小于300mm，变形缝的宽度宜为20～30mm。全埋式地下防水工程的变形缝应为环状，半地下防水工程的变形缝应为U字形，U字形变形缝的设计高度应超出室外地坪500mm以上。

后浇带采用补偿收缩混凝土、遇水膨胀止水条或止水胶等防水措施，补偿收缩混凝土的抗压强度和抗渗等级均不得低于两侧混凝土。

穿墙管道应在浇筑混凝土前预埋。当结构变形或管道伸缩量较小时，穿墙管可采用主管直接埋入混凝土内的固定式防水法；当结构变形或管道伸缩量较大或有更换要求时，应采用套管式防水法。穿墙管线较多时宜相对集中，采用封口钢板式防水法。

埋设件端部或预留孔、槽底部的混凝土厚度不得小于250mm；当厚度小于250mm时，应采取局部加厚或加焊止水钢板的防水措施。

隧道工程除主体采用防水混凝土结构自防水外，往往在其结构表面采用卷材、涂料防水层，因此要求结构表面应做到坚实和平整。防水混凝土结构内的钢筋或绑扎钢丝不得触及模板，固定模板的螺栓穿墙结构时必须采取防水措施，避免在混凝土结构内留下渗漏水通路。

隧道结构埋设件和预留孔洞多，特别是梁、柱和不同断面结合等部位钢筋密集，施工时必须事先制定措施，加强该部位混凝土振捣密实，保证混凝土质量。

防水混凝土结构上埋设件应准确，其允许偏差：预埋螺栓中心线位置为2mm，外露长度为＋10mm，0；预留孔、槽中心线位置为10mm，截面内部尺寸为＋10mm，0。拆模后结构尺寸允许偏差：预埋件中心线位置为10mm，预埋螺栓和预埋管为5mm；预留孔、槽中心线位置为15mm。上述要求均按照《混凝土结构工程施工质量验收规范》（GB 50204—2015）的有关规定执行。

工程渗漏水的轻重程度主要取决于裂缝宽度和水头压力,当裂缝宽度为 0.1～0.2mm、水头压力小于 15～20m 时,一般混凝土裂缝可以自愈。基于混凝土这一特性,确定地下工程防水混凝土结构裂缝宽度不得大于 0.2mm,并不得贯通。

防水混凝土除要求密实性好、开放孔隙少、孔隙率小以外,还必须具有一定厚度,从而可以延长混凝土的透水通路,加大混凝土的阻水截面,使得混凝土不发生渗漏。综合考虑现场施工的不利条件及钢筋的引水作用等诸因素,防水混凝土结构的厚度不应小于 250mm。

钢筋保护层通常是指主筋的保护层厚度。由于地下工程结构的主筋外面还有箍筋,箍筋处的保护层厚度较薄,加之水泥固有收缩的弱点以及使用过程中受到各种因素的影响,保护层处混凝土极易开裂,地下水沿钢筋渗入结构内部,故迎水面钢筋保护层必须具有足够的厚度。钢筋保护层的厚度对提高混凝土结构的耐久性、抗渗性极为重要。据有关资料介绍,当保护层厚度分别为 40、30、20mm 时,钢筋产生移位或保护层厚度发生负偏差时,5mm 的误差就能使钢筋锈蚀的时间分别缩短 24%、30%、44%,可见,保护层越薄其受到的损害越大。

(1) 检查数量。

混凝土强度试件:每拌制 100 盘且不超过 100m³ 的同配合比的混凝土,取样不得少于 1 次;每工作班拌制的同一配合比的混凝土不足 100 盘时,取样不得少于 1 次;当一次连续浇筑超过 1000m³ 时,同一配合比的混凝土每 200m³ 取样不得少于 1 次;同一配合比的混凝土,取样不得少于 1 次;每次取样应至少留置 1 组标准养护试件。

混凝土抗渗试件:当连续浇筑混凝土时,每 100m³ 应留置 1 组抗渗试件,且每项工程不得少于 2 组。

原材料称量:每工作台班检查不应少于 1 次。

混凝土运输、浇筑及间歇:应全数检查。

(2) 防水混凝土工程质量标准和检验方法如表 8-20 所示。

表 8-20　　　　　　　　防水混凝土工程质量标准和检验方法

类别	序号	检查项目	质量标准	检验方法及器具
主控项目	1	原材料	符合设计要求	检查产品合格证、产品性能检测报告、材料进场检验报告
	2	配合比及坍落度	符合设计要求	检查产品合格证、产品性能检测报告、材料进场检验报告
	3	混凝土的抗压强度及试件取样留置	必须符合设计要求和现行有关标准的规定	检查施工记录及试件强度试验报告

类别	序号	检查项目	质量标准	检验方法及器具
主控项目	4	抗渗等级	必须符合设计要求和现行有关标准的规定	检查抗渗性能检验报告
	5	细部构造	变形缝、施工缝、后浇带、穿墙管道、埋设件等设置和构造必须符合设计要求和现行有关标准的规定	观察检查和检查隐蔽工程验收记录
一般项目	1	结构表面质量	按《地下防水工程质量验收规范》（GB 50208—2011）执行	观察检查
	2	埋设件位置	按《地下防水工程质量验收规范》（GB 50208—2011）执行	观察检查
	3	结构表面的裂缝宽度	≤0.2mm，且不得贯通	用放大镜检查
	4	结构厚度不小于250mm，允许偏差	+8mm，−5mm	尺量检查和检查隐蔽工程验收记录
	5	主体结构迎水面钢筋保护层厚度不小于50mm，允许偏差	±5mm	尺量检查和检查隐蔽工程验收记录

2. 卷材防水层

适用范围：适用于受侵蚀性介质作用或受振动作用的隧道工程（卷材防水层应铺设在主体结构的迎水面）。

卷材防水层应采用高聚物改性沥青类防水卷材和合成高分子类防水卷材。所选用的基层处理剂、胶粘剂、密封材料等均应与铺贴的卷材相匹配。

在进场材料检验的同时，防水卷材接缝粘结质量检验应按《地下防水工程质量验收规范》（GB 50208—2011）附录 D 执行。

铺贴防水卷材前，基面应干净、干燥，并应涂刷基层处理剂；当基面潮湿时，应涂刷湿固化型胶粘剂或潮湿界面隔离剂。

基层阴阳角应做成圆弧或 45°坡角，其尺寸应根据卷材品种确定；在转角处、变形缝、施工缝、穿墙管等部位应铺贴卷材加强层，加强层宽度不应小于 500mm。

防水卷材的搭接宽度应符合《地下防水工程质量验收规范》（GB 50208—2011）的要求。铺贴双层卷材时，上下两层和相邻两幅卷材的接缝应错开 1/3～1/2 幅宽，且两层卷材不得相互垂直铺贴。

（1）主控项目。

1）卷材大于1000卷抽5卷，每500～1000卷抽4卷，100～499卷抽3卷，100卷以下抽2卷，进行规格尺寸和外观质量检验。在外观质量检验合格的卷材中，任取一卷做物理性能检验。

2）细部：应全数检查。

（2）一般项目。按铺贴面积每100m²抽查1处，每处10m²，且不得少于3处。

卷材防水层质量标准和检验方法如表8-21所示。

表8-21　　　　　　　　　卷材防水层质量标准和检验方法

类别	序号	检查项目	质量标准	检验方法及器具
主控项目	1	卷材及配套材料质量	必须符合设计要求和现行有关标准的规定	产品合格证、产品性能检测报告和材料进场检验报告
	2	细部做法	防水层在转角处、变形缝、穿墙套管等部位做法必须符合设计要求和现行有关标准的规定	观察检查和检查隐蔽工程验收记录
一般项目	1	基层质量	基层应牢固，基面应洁净、平整，不得有空鼓、松动、起砂和脱皮现象；阴阳角处应做成圆弧形	观察检查和检查隐蔽工程验收记录
	2	卷材铺贴、搭接缝	卷材铺贴应符合现行有关标准的规定。搭接缝应粘结或焊接牢固，密封严密，不得有扭曲、皱折、翘边和鼓起泡等缺陷	观察检查
	3	外贴法铺贴卷材防水层	立面卷材接槎的搭接宽度，高聚物改性沥青类卷材应为150mm，合成高分子类卷材应为100mm，且上层卷材应盖过下层卷材	观察检查和尺量检查
	4	墙卷材防水层的保护层与防水层间的处理	应结合紧密，保护层厚度应符合设计要求	观察检查和尺量检查
	5	卷材搭接宽度偏差	≥－10mm	观察检查和用钢尺检查

3. 涂料防水层

适用范围：适用于受侵蚀性介质作用或受振动作用的隧道工程（有机防水涂料宜用于主体结构的迎水面，无机防水涂料宜用于主体结构的迎水面或背水面）。

涂料防水层完工并经验收合格后应及时做保护层。

（1）主控项目。

防水涂料：无机防水涂料每 10t 为一批，不足 10t 按一批抽样；有机防水涂料每 5t 为一批，不足 5t 按一批抽样；其他防水材料应按现行有关标准抽样检查。

细部应全数检查。

（2）一般项目。按涂层面积每 100m² 抽查 1 处，每处 10m²，且不得少于 3 处。

涂料防水层质量标准和检验方法如表 8-22 所示。

表 8-22 涂料防水层质量标准和检验方法

类别	序号	检查项目	质量标准	检验方法及器具
一般项目	1	涂料层厚度	平均厚度应符合设计要求，最小厚度不得小于设计的 90%	涂料层厚度
	2	材料及配合比	必须符合设计要求和现行有关标准的规定	检查产品合格证、产品性能检测报告和计量措施和材料进场检验报告
	3	细部做法	涂料防水层在转角处、变形缝、施工缝、穿墙管等细部做法均须符合设计要求和现行有关标准的规定	观察检查和检查隐蔽工程验收记录
	4	基层质量	基层应牢固，基面应洁净、平整，不得有空鼓、松动、起砂和脱皮等现象；基层阴阳角处应做成圆弧形	观察检查和检查隐蔽工程验收记录
	5	表面质量	防水层应与基层黏结牢固，涂刷均匀，不得有流淌、鼓泡、露槎	观察检查
一般项目	1	侧墙涂料防水层的保护层与防水层间的处理	应结合紧密，保护层厚度应合设计要求	观察检查
	2	涂层间夹铺胎体增强材料	应使防水涂料浸透胎体覆盖完全，不得有胎体外露现象	观察检查
	3	材料及配合比	必须符合设计要求和现行有关标准的规定	检查产品合格证、产品性能检测报告及计量措施和材料进场检验报告
	4	细部做法	涂料防水层在转角处、变形缝、施工缝、穿墙管等细部做法均须符合设计要求和现行有关标准的规定	观察检查和检查隐蔽工程验收记录
	5	基层质量	基层应牢固，基面应洁净、平整，不得有空鼓、松动、起砂和脱皮等现象；基层阴阳角处应做成圆弧形	观察检查和检查隐蔽工程验收记录

4. 施工缝细部构造

检查数量：全数检查。

施工缝细部构造质量标准和检验方法如表 8-23 所示。

表 8-23　　　　　　　　　　施工缝细部构造质量标准和检验方法

类别	序号	检查项目	质量标准	检验方法及器具
主控项目	1	原材料质量	必须符合设计要求和现行有关标准的规定	检查产品合格证、产品性能检测报告和材料进场检验报告
	2	防水构造	施工缝防水构造必须符合设计要求	观察检查和检查隐蔽工程验收记录
一般项目	1	设置位置	墙体水平施工缝应留设在高出底板表面不小于 300mm 的墙体上。拱、板与墙结合的水平施工缝，宜留在拱、板和墙交接处以下 150～300mm 处；垂直施工缝应避开地下水和裂隙水较多的地段，并宜与变形缝相结合	观察检查和检查隐蔽工程验收记录
	2	已浇筑的混凝土抗压强度	在施工缝处继续浇筑混凝土时，已浇筑的混凝土抗压强度不应小于 1.2MPa	观察检查和检查隐蔽工程验收记录
	3	水平施工缝清理	水平施工缝浇筑混凝土前，应将其表面浮浆和杂物清除，然后铺设净浆、涂刷混凝土界面处理剂或水泥基渗透结晶型防水涂料，再铺 30～50mm 厚的 1：1 水泥砂浆，并及时浇筑混凝土	观察检查和检查隐蔽工程验收记录
	4	垂直施工缝清理	垂直施工缝浇筑混凝土前，应将其表面清理干净，再涂刷混凝土界面处理剂或水泥基渗透结晶型防水涂料，并及时浇筑混凝土	观察检查和检查隐蔽工程验收记录
	5	止水带埋设	中埋式止水带及外贴式止水带埋设位置应准确，固定应牢靠	观察检查和检查隐蔽工程验收记录
	6	遇水膨胀止水带	应具有缓膨胀性能；止水条与施工缝基面应密贴，中间不得有空鼓、脱离等现象；止水条应牢固地安装在缝面或预埋凹槽内；止水条采用搭接连接时，搭接宽度不得小于 30mm	观察检查和检查隐蔽工程验收记录
	7	遇水膨胀止水胶	遇水膨胀止水胶应采用专用注胶器挤出黏结在施工缝表面，并做到连续、均匀、饱满、无气泡和孔洞，挤出宽度及厚度应符合设计要求；止水胶挤出成型后，固化期内应采取临时保护措施；止水胶固化前不得浇筑混凝土	观察检查和检查隐蔽工程验收记录

类别	序号	检查项目	质量标准	检验方法及器具
一般项目	8	预埋式注浆管	预埋式注浆管应设置在施工缝断面中部，注浆管与施工缝基面应密贴并固定牢靠，固定间距宜为 200～300mm；注浆导管与注浆管的连接应牢固、严密，导管埋入混凝土内的部分应与结构钢筋绑扎牢固，导管的末端应临时封堵严密	观察检查和检查隐蔽工程验收记录

5. 变形缝细部构造

检查数量：全数检查。

变形缝细部构造质量标准和检验方法如表 8-24 所示。

表 8-24 变形缝细部构造质量标准和检验方法

类别	序号	检查项目	质量标准	检验方法及器具
主控项目	1	止水带埋设	中埋式止水带埋设位置应准确，其中间空心圆环与变形缝的中心线应重合	观察检查和检查隐蔽工程验收记录
	2	原材料质量	必须符合设计要求和现行有关标准的规定	检查产品合格证、产品性能检测报告和材料进场检验报告
	3	防水构造	变形缝防水构造必须符合设计要求	观察检查和检查隐蔽工程验收记录
一般项目	1	止水带接缝	中埋式止水带的接缝应设在边墙较高位置上，不得设在结构转角处；接头宜采用热压焊接，接缝应平整、牢固，不得有裂口和脱胶现象	观察检查和检查隐蔽工程验收记录
	2	中埋式止水带安装质量	中埋式止水带在转角处应做成圆弧形；顶板、底板内止水带应安装成盆状，并宜采用专用钢筋套或扁钢固定	观察检查和检查隐蔽工程验收记录
	3	外贴式止水带	外贴式止水带在变形缝与施工缝相交部位宜采用十字配件；外贴式止水带在变形缝转角部位宜采用直角配件。止水带埋设位置应准确，固定应牢靠，并与固定止水带的基层密贴，不得出现空鼓、翘边等现象	观察检查和检查隐蔽工程验收记录

类别	序号	检查项目	质量标准	检验方法及器具
一般项目	4	结构内侧的可卸式止水带	安设于结构内侧的可卸式止水带所需配件应一次配齐，转角处应做成45°坡角，并增加紧固件的数量	观察检查和检查隐蔽工程验收记录
	5	嵌填质量	嵌填密封材料的缝内两侧基面应平整、洁净、干燥，并应涂刷基层处理剂；嵌缝底部应设置背衬材料；密封材料嵌填应严密、连续、饱满，黏结牢固	观察检查和检查隐蔽工程验收记录
	6	隔离层与加强层	变形缝处表面粘贴卷材或涂刷涂料前，应在缝上设置隔离层和加强层	观察检查和检查隐蔽工程验收记录

6. 后浇带细部构造

检查数量：全数检查。

后浇带细部构造质量标准和检验方法如表 8-25 所示。

表 8-25 后浇带细部构造质量标准和检验方法

类别	序号	检查项目	质量标准	检验方法及器具
主控项目	1	后浇带采用掺膨胀剂的补偿收缩混凝土	采用掺膨胀剂的补偿收缩混凝土，其抗压强度、抗渗性能和限制膨胀率必须符合设计要求	检查混凝土抗压强度、抗渗性能和水中养护14d后的限制膨胀率检测报告
	2	原材料质量及配合比	必须符合设计要求和现行有关标准的规定	检查产品合格证、产品性能检测报告和材料进场检验报告
	3	防水构造	后浇带防水构造必须符合设计要求	观察检查和检查隐蔽工程验收
一般项目	1	保护措施	补偿收缩混凝土浇筑前，后浇带部位和外贴式止水带应采取保护措施	观察检查
	2	接缝表面处理	后浇带两侧的接缝表面应先清理干净，再涂刷混凝土界面处理剂或水泥基渗透结晶型防水涂料；后浇混凝土的浇筑时间应符合设计要求	观察检查和检查隐蔽工程验收记录

续表

类别	序号	检查项目	质量标准	检验方法及器具
一般项目	3	止水带、止水胶、预埋式注浆管	遇水膨胀止水带应具有缓膨胀性能；止水条与后浇带基面应密贴，中间不得有空鼓、脱离等现象；止水条应牢固地安装在缝表面或预埋凹槽内；止水条采用搭接连接时，搭接宽度不得小于30mm。遇水膨胀止水胶应采用专用注胶器挤出黏结在后浇带表面，并做到连续、均匀、饱满、无气泡和孔洞，挤出宽度及厚度应符合设计要求，止水胶挤出成型后，固化期内应采取临时保护措施；止水胶固化前不得浇筑混凝土。预埋式注浆管应设置在后浇带断面中部，注浆管与后浇带基面应密贴并固定牢靠，固定间距宜为200～300mm；注浆导管与注浆管的连接应牢固、严密，导管埋入混凝土内的部分应与结构钢筋绑扎牢固，导管的末端应临时封堵严密。外贴式止水带在变形缝与后浇带相交部位宜采用十字配件；外贴式止水带在后浇带转角部位宜采用直角配件。止水带埋设位置应准确，固定应牢靠，并与固定止水带的基层密贴不得出现空鼓、翘边等现象	观察检查和检查隐蔽工程验收记录
	4	浇筑与养护	后浇带混凝土应一次浇筑，不得留施工缝；混凝土浇筑后应及时养护，养护时间不得少于28d	观察检查和检查隐蔽工程验收记录

7. 桩头细部构造

检查数量：全数检查。

后浇带细部构造质量标准和检验方法如表 8-26 所示。

8. 地下连续墙防水

地下连续墙应采用防水混凝土。胶凝材料用量不应小于 $400kg/m^3$，水胶比不得大于 0.55，坍落度不得小于 180mm。

表 8-26 后浇带细部构造质量标准和检验方法

类别	序号	检查项目	质量标准	检验方法及器具
主控项目	1	原材料质量	必须符合设计要求和现行有关标准的规定	检查产品合格证、产品性能检测报告、材料进场检验报告
	2	防水构造	必须符合设计要求	观察检查和检查隐蔽工程验收记录
	3	桩头混凝土	应密实，如有渗漏水应及时采取封堵措施	观察检查和检查隐蔽工程验收记录
一般项目	1	顶面及侧面裸露处处理	顶面和侧面涂刷防水涂料，并延伸到结构底板垫层 150mm 处；桩头四周 300mm 范围内抹砂浆过渡层	观察检查和检查隐蔽工程验收记录
	2	底板防水桩头处处理	应做在聚合物防水砂浆过渡层上延伸至桩头侧壁，与桩头侧壁接缝处采用密封材料嵌填	观察检查和检查隐蔽工程验收记录
	3	桩头受力钢筋处理	采用遇水膨胀止水条或止水胶，采取保护措施	观察检查和检查隐蔽工程验收记录
	4	止水带、止水胶、预埋式注浆管	遇水膨胀止水带应具有缓膨胀性能；止水条与后浇带基面应密贴，中间不得有空鼓脱离等现象；止水条应牢固地安装在缝表面或预埋凹槽内；止水条采用搭接连接时搭接宽度不得小于 30mm。遇水膨胀止水胶应采用专用注胶器挤出黏结在后浇带表面，并做到连续、均匀、饱满、无气泡和孔洞，挤出宽度及厚度应符合设计要求；止水胶挤出成型后，固化期内应采取临时保护措施；止水胶固化前不得浇筑混凝土	观察检查和检查隐蔽工程验收记录
	5	密封材料嵌填施工	应严密、连续、饱满，黏结牢固	观察检查和检查隐蔽工程验收记录

地下连续墙施工时，混凝土应按每一个单元槽段留置一组抗压试件，每 5 个槽段留置一组抗渗试件。叠合式侧墙的地下连续墙与内衬结构连接处，应凿毛并清洗干净，必

要时应做特殊防水处理。地下连续墙应根据工程要求和施工条件减少槽段数量；地下连续墙槽段接缝应避开拐角部位。地下连续墙如有裂缝、孔洞、露筋等缺陷，应采用聚合物水泥砂浆修补；地下连续墙槽段接缝如有渗漏，应采用引排或注浆封堵。

检查数量：地下连续墙分项工程检验批的抽样检验数量，应按连续墙 5 个槽段抽查 1 个槽段，且不得少于 3 个槽段。

地下连续墙防水质量标准和检验方法如表 8-27 所示。

表 8-27　　　　　　　　　地下连续墙防水质量标准和检验方法

类别	序号	检查项目	质量标准	检验方法及器具
主控项目	1	材料、配合比及坍落度	符合设计要求	检查产品合格证、产品性能检测报告、计量措施和材料进场检验报告
	2	抗压强度及抗渗性能	抗压强度及抗渗性能符合设计要求	检查混凝土的抗压、抗渗性能检验报告
	3	渗漏水量	符合设计要求	观察检查和检查渗漏水检测记录
一般项目	1	槽段接缝构造	符合设计要求	观察检查和检查隐蔽工程验收记录
	2	墙面	不得有露筋、露石和夹泥现象	观察检查
	3	墙体表面平整度	临时支护墙体	$<\pm50mm$
			单一或复合墙体	$<\pm30mm$

9. 逆筑结构防水

逆筑结构适用于地下连续墙为主体结构或地下连续墙与内衬构成复合式衬砌进行逆筑法施工的地下工程。

地下连续墙为主体结构逆筑法施工应符合下列规定：地下连续墙墙面应凿毛、清洗干净，并宜做水泥砂浆防水层；地下连续墙与顶板、中楼板、底板接缝部位应做凿毛处理，施工缝的施工应符合《地下防水工程质量验收规范》（GB 50208—2011）有关规定；钢筋接驳器处宜涂刷水泥基渗透结晶型防水涂料。

内衬墙垂直施工缝应与地下连续墙的槽段接缝相互错开 2.0～3.0m。

底板混凝土应连续浇筑，不宜留设施工缝；底板与桩头接缝部位的防水处理应符合《地下防水工程质量验收规范》（GB 50208—2011）的有关规定。

底板混凝土达到设计强度后方可停止降水，并应将降水井封堵密实。

主控项目：全数检查。

一般项目：逆筑结构分项工程检验批的抽样检验数量，应按混凝土外漏面积每 $100m^2$ 抽查 1 处，每处 $10m^2$，且不得少于 3 处。其他项目全数检查。

逆筑结构防水标准和检验方法如表 8-28 所示。

类别	序号	检查项目	质量标准	检验方法及器具
主控项目	1	补偿收缩混凝土原材料、配合比及坍落度	补偿收缩混凝土原材料、配合比及坍落度必须符合设计要求	检查产品合格证、产品性能检测报告、计量措施和材料进场检验报告
	2	内衬墙接缝用材料	材料必须符合设计要求	检查产品合格证、产品性能检测报告和材料进场检验报告
	3	渗漏水量	必须符合设计要求	观察检查和检查漏水记录
一般项目	1	逆筑法施工	地下连续墙为主体结构逆筑法施工应符合下列规定：地下连续墙墙面应凿毛、清洗干净，并宜做水泥砂浆防水层；地下连续墙与顶板、中楼板、底板接缝部位应凿毛处理；施工缝的施工应符合表 8-23 的有关规定；钢筋接驳器处宜涂刷水泥基渗透结晶型防水涂料。 地下连续墙与内衬构成复合衬砌进行逆筑法施工还应符合下列规定：顶板及中楼板下部 500mm 内衬墙应同时浇筑，内衬墙下部应做成斜坡形；斜坡形下部应预留 300～500mm 空间，并应待下部先浇混凝土施工 14d 后再行浇筑；浇筑混凝土前，内衬墙的接缝面应凿毛、清洗干净，并应设置遇水膨胀止水条或止水胶和预埋注浆管；内衬墙的后浇带混凝土应采用补偿收缩混凝土，浇筑口宜高于斜坡顶端 200mm 以上	观察检查和检查隐蔽工程验收记录

类别	序号	检查项目	质量标准	检验方法及器具
一般项目	2	止水带、止水胶、预埋式注浆管	遇水膨胀止水带应具有缓膨胀性能；止水条与后浇带基面应密贴，中间不得有空鼓、脱离等现象；止水条应牢固地安装在缝表面或预埋凹槽内；止水条采用搭接连接时，搭接宽度不得小于30mm。遇水膨胀止水胶应采用专用注胶器挤出黏结在后浇带表面，并做到连续、均匀、饱满、无气泡和孔洞，挤出宽度及厚度应符合设计要求；止水胶挤出成型后，固化期内应采取临时保护措施；止水胶固化前不得浇筑混凝土。预埋式注浆管应设置在后浇带断面中部，注浆管与后浇带面应密贴并固定牢靠，固定间距宜为200～300mm；注浆导管与注浆管的连接应牢固、严密，导管埋入混凝土内的部分应与结构钢筋绑扎牢固，导管的末端应临时封堵严密。外贴式止水带在变形缝与后浇带相交部位宜采用十字配件；外贴式止水带在后浇带转角部位宜采用直角配件。止水带埋设位置应准确固定，应牢靠，并与固定止水带的基层密贴，不得出现空鼓、翘边等现象	观察检查和检查隐蔽工程验收记录

8.3.7 降水与排水工程

排水系统的有效性是影响降排水能否正常运行的关键因素，特别是在排水量比较大的工程中，往往因前期设置的排水系统无法满足降排水的要求导致降水中止。因此，降水运行前检查工程场区的排水系统是非常必要的。为了避免其他因素，如雨季大气降水造成排水不畅，降排水运行前，应检验工程场区的排水系统。排水系统最大排水能力不应小于工程所需最大排量的1.2倍。

不同性质的土层含水量、渗透性差异较大，对预降水时间的要求也不同。一般来说，土质基坑开挖深度越深、土层含水量越高、渗透性越差，需要的预降水时间越长。另外，不同的降排水工艺需要的预降水时间也不同。基坑工程开挖前应验收预降排水时间。预降排水时间应根据基坑面积、开挖深度、工程地质与水文地质条件以及降排水工艺综合确定。

减压预降水时间应根据设计要求或减压降水验证试验结果确定。减压降水验证试验应结合土质基坑开挖工况验证减压降水的有效性，并根据试验过程中达到安全水位的时间确定减压预降水时间。

降排水运行中，应检验基坑降排水效果是否满足设计要求。分层、分块开挖的土质基坑，开挖前潜水水位应控制在土层开挖面以下 0.5～1.0m；承压含水层水位应控制在安全水位埋深以下。岩质基坑开挖施工前，地下水位应控制在边坡坡脚或坑中的软弱结构面以下。

采用集水明排的基坑，应检验排水沟、集水井的尺寸。排水时集水井内水位应低于设计要求水位不小于 0.5m。降水井施工前，应检验进场材料质量。材料质量验收标准如表 8-29 所示。

降水井正式施工时应进行试成井。试成井的目的是核验地质资料，检验所选的成孔施工工艺、施工技术参数以及施工设备是否适宜。通过试成井可以了解选用的施工工艺的可行性，通过掌握成孔钻进的难度、孔壁的稳定性以及试成井的出水效果调整施工工艺，提高成井水平。试成井数量不应少于 2 口（组），并应根据试成井检验成孔工艺、泥浆配比，复核地层情况等。

降水井施工中应检验成孔垂直度。控制成孔垂直度是保证成井质量的基本条件。成孔垂直度偏差过大，容易影响井（点）管居中沉设，造成滤料层厚度不均匀，影响抽水效果甚至导致降水井（点）出砂。降水井的成孔垂直度偏差为 1/100，同时确保井（点）管拼装的平直度及居中竖直沉设，可保证滤料厚度基本均匀，有效发挥过滤作用。

降水井施工完成后应进行试抽水，检验成井质量和降水效果。成井施工完成后，通过试抽水检验实际降水效果与设计要求的偏差。以上海地区承压水减压降水为例，一般分别实施单井降水检验和群井降水检验。在检验过程中记录每口井的出水量、抽水井内稳定水位埋深、水位观测井的水位变化状况等，停抽后还应测量抽水井内恢复水位及水位观测井的恢复水位。通过这些检验，一方面掌握了成井质量状况，另一方面还了解了整体降水效果是否能够满足设计的要求。并且在检验过程中还可以结合后续施工的工况分阶段了解满足不同阶段降水要求的降水井开启的数量、降排水的流量等，便于实现"按需降水"，非常有益于科学指导工程实施。

降水运行应独立配电。降水运行前，应检验现场用电系统。连续降水的工程项目，尚应检验双路以上独立供电电源或备用发电机的配置情况。降水运行过程中，应监测和记录降水场区内和周边的地下水位。采用悬挂式帷幕基坑降水的，尚应计量和记录降水井抽水量。降水运行结束后，应检验降水井封闭的有效性。

检查数量：全数检查。

降水施工材料质量标准和检验方法如表 8-29 所示。

表 8-29　　　　　　　　　　降水施工材料质量标准和检验方法

类别	序号	检查项目	质量标准	检验方法及器具
主控项目	1	井、滤管材质	设计要求	查产品合格证书或按设计要求参数现场检测
	2	滤管孔隙率	设计值	测算单位长度滤管孔隙面积或与等长标准滤管渗透对比法
	3	滤料粒径	$(6\sim12)d_{50}$	筛析法
	4	滤料不均匀系数	$\leqslant3$	筛析法
一般项目	1	沉淀管长度	+50、0mm	用钢尺量
	2	封孔回填土质量	设计要求	现场搓条法检验土性
	3	挡砂网	设计要求	查产品合格证书或按设计要求参数现场检测

注　d_{50} 为土颗粒的平均粒径。

管井施工质量标准和检验方法如表 8-30 所示。

表 8-30　　　　　　　　　　管井施工质量标准和检验方法

类别	序号	检查项目		质量标准	检验方法及器具
主控项目	1	泥浆比重		1.05～10.10	比重计
	2	滤料回填高度		+10%，0	现场搓条法检验土性，测算封填黏土体积，空口浸水检验密封性
	3	封孔		设计要求	现场检验
	4	出水量		不小于设计值	查看流量表
一般项目	1	成孔质量		+50mm	用钢尺量
	2	成孔深度		+20mm	测绳测量
	3	扶中器		设计要求	测量扶中器高度或厚度、间距，检查数量
	4	活塞洗井	次数	≥20 次	检查施工记录
			时间	≥2h	
	5	沉淀物高度		≤5‰井深	测锤测量
	6	含砂量（体积比）		≤1/20000	现场目测或用含砂量计测量

轻型井点施工质量标准和检验方法如表 8-31 所示。

表 8-31　　　　　　　轻型井点施工质量标准和检验方法

类别	序号	检查项目	质量标准	检验方法及器具
主控项目	1	出水量	不小于设计值	查看流量表
一般项目	1	成孔孔径	+20mm	用钢尺量
	2	成孔深度	+1000、−200mm	测绳测量
	3	滤料回填量	不小于设计计算体积的 95%	测算滤料用量且测绳测量回填高度
	4	黏土封孔高度	≥1000mm	用钢尺量
	5	井点管间距	0.8～1.6m	用钢尺量

喷射井点施工质量标准和检验方法如表 8-32 所示。

表 8-32　　　　　　　喷射井点施工质量标准和检验方法

类别	序号	检查项目	质量标准	检验方法及器具
主控项目	1	出水量	不小于设计值	查看流量表
一般项目	1	成孔孔径	+50mm 0	用钢尺量
	2	成孔深度	+1000、−200mm	测绳测量
	3	滤料回填量	不小于设计计算体积的 95%	测算滤料用量且测绳测量回填高度
	4	井点管间距	2～3m	用钢尺量

轻型井点、喷射井点、真空管井降水运行质量标准和检验方法如表 8-33 所示。

表 8-33　　　轻型井点、喷射井点、真空管井降水运行质量标准和检验方法

类别	序号	检查项目	质量标准	检验方法及器具
主控项目	1	降水效果	设计要求	量测水位、观测土体固结或沉降情况
一般项目	1	真空负压	≥0.065MPa	查看真空表
	2	有效井点数	≥90%	现场目测出水情况

8.4　主　体　结　构

8.4.1　现浇混凝土模板安装

模板及支架根据安装、使用和拆除工况进行设计，应满足工程结构和构件的形状、

尺寸和位置准确的要求，安装时应进行测量放线，并应采取模板位置准确的定位措施，并应满足承载力、刚度和整体稳固性要求。支撑架安装满足国家现行标准的规定。

对模板及支架材料的验收，尺寸检查包括模板的厚度、平整度、刚度等，支架杆件的直径、壁厚、外观等，连接件的规格、尺寸、质量、外观等，实施时可根据检验对象进行补充或调整。

后浇带模板及支架由于施工中留置时间较长，不能与相邻的混凝土模板及支架同时拆除，且不宜拆除后二次支撑，故制定施工方案时应考虑独立设置，使其装拆方便，且不影响相邻混凝土结构的质量。

在土层上直接安装支架竖杆和竖向模板，除了要求基土应坚实、平整并应有防水、排水、预防冻融等措施外，还明确要求基土承载力或密实度应符合施工方案的要求。施工方案可根据具体情况对基土提出密实度（压实系数）的要求。验收时应检查土层密实度检测报告、土层承载力验算或现场检测报告。

基土上支模时应采取防水、排水措施，是指应预先考虑并做好各项准备，而不能仅靠临时采取应急措施。对于湿陷性黄土、膨胀性土和冻胀性土，由于其对水浸或冻融十分敏感，尤其应该注意。

土层上支模时竖杆下应设置垫板，是《混凝土结构工程施工规范》（GB 50666—2011）规定的重要构造措施，应明确列入施工方案并加以具体化。对垫板的检查内容主要包括是否按照施工方案的要求设置、垫板的面积是否足够分散竖杆压力、垫板是否中心承载、竖杆与垫板是否顶紧、支撑在通长垫板上的竖杆受力是否均匀等。

无论采用何种材料制作的模板，其接缝都应严密，避免漏浆，但木模板需考虑浇水湿润时的木材膨胀情况。模板内部和与混凝土的接触面应清理干净，以避免出现麻面、夹渣等缺陷。对清水混凝土及装饰混凝土，为了使浇筑后的混凝土表面满足设计效果，宜事先对所使用的模板和浇筑工艺制作样板或进行试验。

隔离剂主要功能为帮助模板顺利脱模，此外还具有保护混凝土结构的表面质量，增加模板的周转使用次数，降低工程成本等功能。

隔离剂的品种、性能和涂刷方法应在施工方案中加以规定。选择隔离剂时，应避免使用可能会对混凝土结构受力性能和耐久性造成不利影响（如对混凝土中钢筋具有腐蚀性）的隔离剂，或影响混凝土表面后期装修（如使用废机油等）的隔离剂。

工程实践中，当有条件时，隔离剂宜在支模前涂刷，当受施工条件限制或支模工艺不同时，也可现场涂刷。现场涂刷隔离剂容易沾污钢筋、预埋件和混凝土接槎处，可能会对混凝土结构受力性能造成不利影响，故应采取适当措施加以避免。

隔离剂的验收内容为两项，即隔离剂的品种、性能和隔离剂的涂刷质量。前者主要检查隔离剂质量证明文件以判定其品种、性能等是否符合要求，是否可能影响结构性能及装饰施工，是否可能对环境造成污染；后者主要是观察涂刷质量，并可对施工记录进行检查。

对于长效隔离剂，宜对其周转使用的实际效果进行检验或试验。

对固定在模板上的预埋件和预留孔、洞内置模板的检查验收。主要包括数量、位置、尺寸的检查，安装牢固程度的检查、防渗措施的检查和对预埋螺栓外露长度的检查。检查的基本依据为设计和施工方案的要求。

预埋件的外露长度只允许有正偏差，不允许有负偏差；对预留洞内部尺寸，只允许大，不允许小。在允许偏差表中，不允许有负偏差的以"0"表示。

对安装牢固的检查，可以通过检查预埋件在模板上的固定方式、预留孔、洞的内置模板固定措施等对其牢固程度加以判断，也可用力扳动，模拟混凝土浇筑时受到冲击、挤压会否移位等。

现浇结构和预制构件模板安装的尺寸允许偏差及检验方法，其中预制构件模板安装的允许偏差除了适用于预制构件厂外，也适用于现场制作的预制构件。由于模板验收时尚未浇筑混凝土，发现过大偏差时应当在浇筑之前修整。过大偏差可按照允许偏差的1.5倍取值，也可由施工方案根据工程具体情况确定。

（1）主控项目。

模板及支架用材料的技术指标、模板及支架的安装质量：按国家现行有关标准的规定确定检查数量。

后浇带出的模板及支架、支架竖杆或竖向模板地基：全数检查。

（2）一般项目。

模板安装质量、隔离剂的品种和涂刷方法、多层连续支模：全数检查。

模板起拱：在同一检验批内，对于梁，跨度大于 18m 时应全数检查；跨度不大于 18m 时应抽查构件数量的 10%，且不应少于 3 件。对于板，按有代表性自然间抽查 10%，不应少于 3 间。对于大空间结构，板可按纵横轴线划分检查面，抽查 10%，不应少于 3 面。

预埋件及预留孔洞、模板安装：在同一检验批内，对于梁、柱和独立基础，应抽查构件数量的 10%，且不应少于 3 件；对于墙和板，按有代表性自然间抽查 10%，不应少于 3 间；对于大空间结构，墙可按相邻轴线间高度 5m 左右划分检查面，板可按纵横轴线划分检查面，抽查 10%，不应小于 3 面。

模板安装的偏差：在同一检验批内，对于梁、柱和独立基础，应抽查构件数量的 10%，且不少于 3 件；对于墙和板，应按有代表性的自然间抽查 10%，且不少于 3 间；对于大空间结构，墙可按相邻轴线间高度 5m 左右划分检查面，板可按纵、横轴线划分检查面，抽查 10%，且均不少于 3 面。

现浇混凝土模板安装质量标准和检验方法如表 8-34 所示。

表 8-34　　　　　　　　　　　　现浇混凝土模板安装质量标准和检验方法

类别	序号	验收项目	质量标准	检查方法及器具
主控项目	1	模板及支架用材料的技术指标	符合国家现行有关标准的规定	检查质量证明文件；观察尺量
	2	模板及支架的安装质量	符合国家现行有关标准的规定及施工方案的要求	按国家现行有关标准的规定执行
	3	后浇带出的模板及支架	应独立设置	观察
	4	支架竖杆或竖向模板地基	土层应坚实、平整，其承载力或密实度应符合施工方案要求；应有防水、排水措施；对冻胀性土，应有预防冻融措施；支架竖杆下应有底座或垫板	观察；检查土层密实度检测报告、土层承载力验算或现场检测报告
一般项目	1	模板安装质量	模板接缝应严密；模板内不应有杂物、积水或冰雪等，模板与混凝土的接触面应平整、整洁；用作模板的地坪、胎模等应平整、整洁；用作模板的地坪、胎膜等应平整、整洁，不应有影响构件质量的下沉、裂缝、起砂或起鼓；对清水混凝土及装饰混凝土构件，应使用能达到设计效果的模板	观察
	2	隔离剂的品种和涂刷方法	应符合施工方案的要求；隔离剂不得影响结构性能及装饰施工；不得玷污钢筋、预应力筋、预埋件和混凝土接槎处；不得对环境造成污染	检查质量证明文件；观察
	3	模板起拱	符合《混凝土结构工程施工规范》（GB 50666—2011）的规定，并符合设计及施工方案的要求	水准仪或尺量
	4	多层连续支模	应符合施工方案要求，上下层模板支架的竖杆宜对准，竖杆下垫板的设置应符合施工方案的要求	观察

类别	序号	验收项目			质量标准	检查方法及器具
一般项目	5	预埋件及预留孔洞安装			不得遗漏、安装牢固,有抗渗要求的预埋件,应按设计要求及施工方案采取防渗措施	观察,尺量
	6	预埋件与预留孔洞安装允许偏差	预埋板中心线位置		≤3mm	观察,尺量
			预埋管、预留孔中心线位置		≤3mm	观察,尺量
			插筋	中心线位置	≤5mm	观察,尺量
				外露长度	+10~0mm	观察,尺量
			预埋螺栓	中心线位置	≤2mm	观察,尺量
				外露长度	+10~0mm	观察,尺量
			预留洞	中心线位置	≤10mm	观察,尺量
				尺寸	+10~0mm	观察,尺量
	7	模板安装允许偏差	轴线位置		≤5mm	尺量
			底模上表面标高		±5mm	水准仪或拉线,尺量
			模板内部尺寸	基础	±10mm	尺量
				柱、墙、梁	±5mm	尺量
				楼梯相邻踏步高差	≤5mm	尺量
			柱、墙垂直度	层高不大于6m	≤8mm	经纬仪或吊线、尺量
				层高大于6m	≤10mm	经纬仪或吊线、尺量
			相邻模板表面高差		≤2mm	尺量
			表面平整度		≤5mm	2m靠尺和塞尺测量

8.4.2　预制构件模板安装

1. 主控项目

（1）模板及支架用材料的技术指标:按国家现行有关标准的规定确定检查数量。

（2）支架竖杆或竖向模板地基:全数检查。

2. 一般项目

（1）模板安装质量、隔离剂的品种和涂刷方法:全数检查。

（2）其他项目:首次使用及大修后的模板应全数检查,使用中的模板应抽查10%,且不应少于5件,不足5件时应全数检查。

预制构件模板安装工程质量标准和检验方法如表 8-35 所示。

表 8-35　　　　　　　　预制构件模板安装工程质量标准和检验方法

类别	序号	验 收 项 目	质 量 标 准	检查方法及器具
主控项目	1	模板及支架用材料的技术指标	符合国家现行有关标准的规定	检查质量证明文件；观察尺量
	2	支架竖杆或竖向模板地基	土层应坚实、平整，其承载力或密实度应符合施工方案要求；应有防水、排水措施；对冻胀性土，应有预防冻融措施；支架竖杆下应有底座或垫板	观察；检查土层密实度检测报告、土层承载力验算或现场检测报告
一般项目	1	模板安装质量	模板接缝应严密；模板内不应有杂物、积水或冰雪等，模板与混凝土的接触面应平整、整洁；用作模板的地坪、胎膜等应平整、整洁，不应有影响构件质量的下沉、裂缝、起砂或起鼓；对清水混凝土及装饰混凝土构件，应使用能达到设计效果的模板	观察
	2	隔离剂的品种和涂刷方法	应符合施工方案的要求；隔离剂不得影响结构性能及装饰施工；不得玷污钢筋、预应力筋、预埋件和混凝土接槎处；不得对环境造成污染	检查质量证明文件；观察
	3	模板起拱	符合《混凝土结构工程施工规范》（GB 50666—2011）的规定，并符合设计及施工方案的要求	水准仪或尺量
	4	预埋件及预留孔洞安装	不得遗漏、安装牢固，有抗渗要求的预埋件，应按设计要求及施工方案采取防渗措施	观察，尺量

续表

类别	序号	验收项目			质量标准	检查方法及器具
一般项目	5	预埋件与预留孔洞安装允许偏差	预埋板中心线位置		≤3mm	观察，尺量
			预埋管、预留孔中心线位置		≤3mm	观察，尺量
			插筋	中心线位置	≤5mm	观察，尺量
				外露长度	+10～0mm	观察，尺量
			预埋螺栓	中心线位置	≤2mm	观察，尺量
				外露长度	+10～0mm	观察，尺量
			预留洞	中心线位置	≤10mm	观察，尺量
				尺寸	+10～0mm	观察，尺量
	6	预制构件模板安装允许偏差	长度	梁、板	±4mm	尺量两侧边，取其中较大值
				薄腹梁、桁架	±8mm	
				柱	0、－10mm	
				墙板	0、－5mm	
			宽度	板、墙板	0、－5mm	尺量两端及中部，取其中较大值
				梁、薄腹梁、桁架	+2、－5mm	
			高（厚度）	板	+2、－3mm	尺量两端及中部，取其中较大值
				墙板	0、－5mm	
				梁、薄腹梁、桁架、柱	+2、－5mm	
			侧向弯曲	梁、板、柱	≤$L/1000$，且不大于15mm	拉线、尺量最大弯曲处
				薄腹梁、桁架	≤$L/1500$，且不大于15mm	
			板的表面平整度		≤3mm	2m靠尺和塞尺测量
			相邻两板表面高低差		≤1mm	尺量
			对角线差	板	≤7mm	尺量对角线
				墙板	≤5mm	
			翘曲	板、墙板	≤$L/1500$	水平尺在两端量测
			设计起拱	梁、薄腹梁、桁架	±3mm	拉线、尺量跨中

8.4.3　钢筋原材料及加工

1．主控项目

（1）钢筋进场时，应按相关标准的规定抽取试件做屈服强度、抗拉强度、伸长率、弯曲性能和重量偏差检验，检验结果应符合相应标准的规定。

原材力学性能和重量偏差检验、抗震用钢筋强度和最大力下总伸长值实测值：按进场批次和产品的抽样检验方案确定检测数量。

（2）成型钢筋进场时，应抽取试件做屈服强度、抗拉强度、伸长率和重量偏差检验，检验结果应符合国家现行相关标准的规定。

对由热轧钢筋制成的成型钢筋，当有施工单位或监理单位的代表驻厂监督生产过程，并提供原材钢筋力学性能第三方检验报告时，可仅进行重量偏差检验。

成型钢筋力学性能和重量偏差检验：同一厂家、同一类型、同一钢筋来源的成型钢筋，不超过 30t 为一批，每批中每种钢筋牌号、规格均应至少抽取 1 个钢筋试件，总数不应少于 3 个。

（3）钢筋弯折的弯弧内直径、纵向受力钢筋的弯折后平直段长度、箍筋拉筋的末端：同一设备加工的同一类型钢筋，每工作班抽查不应少于 3 件。

（4）盘卷钢筋调直后力学性能和重量偏差检验：同一设备加工的同一牌号、同一规格的调直钢筋，质量不大于 30t 为一批，每批见证抽取 3 个试件。

2．一般项目

（1）外观质量：全数检查。

（2）尺寸偏差：同一厂家、同一类型的成型钢筋，不超过 30t 为一批，每批抽取 3 个成型钢筋。

（3）连接套筒、钢筋锚固板及预埋件等：按国家现行有关标准的规定确定。

（4）钢筋加工允许偏差：同一设备加工的同一类型钢筋，每工作班抽查不应少于 3 件。

钢筋原材料及加工工程质量标准和检验方法如表 8-36 所示。

8.4.4　钢筋连接

1．主控项目

（1）钢筋的连接方式：全数检查。

（2）钢筋机械连接或焊接连接时，钢筋机械连接接头、焊接接头的力学性能、弯曲性能：按《钢筋机械连接技术规程》（JGJ 107—2016）和《钢筋焊接及验收规程》（JGJ 18—2012）的规定确定。

表 8-36 钢筋原材料及加工工程质量标准和检验方法

类别	序号	检查项目	质量标准	检验方法及器具
主控项目	1	原材料抽检	钢筋进场时，应按现行国家相关标准的规定抽取试件做屈服强度、抗拉强度、伸长率、弯曲性能和重量偏差检验，检验结果必须符合有关标准的规定	检查质量证明文件和抽样检验报告
	2	成型钢筋进场	进场时应抽取试件做屈服强度、抗拉强度、伸长率和重量偏差检验，检验结果必应符合有关标准的规定	检查质量证明文件和抽样检验报告
	3	有抗震要求的框架结构	对一、二、三级抗震等级设计的框架和斜撑构件（含梯段）中的纵向受力普通钢筋应采用 HRB335E、HRB400E、HRB500E、HRBF335E、HRBF400E 或 HRBF500E 钢筋，其强度和最大力下总伸长率的实测值应符合下列规定：抗拉强度实测值与屈服强度实测值的比值不应小于 1.25；屈服强度实测值与屈服强度标准值的比值不应大于 1.30；最大力下总伸长率不应小于 9%	检查抽样检验报告
	4	钢筋弯折后的弯弧内直径	光圆钢筋，不应小于钢筋直径的 2.5 倍；335MPa 级、400MPa 级带肋钢筋，不应小于钢筋直径的 4 倍；500MPa 级，当直径为 28mm 以下时不应小于钢筋直径的 6 倍，当直径为 28mm 以上时不应小于钢筋直径的 7 倍；箍筋弯折处尚不应小于纵向受力钢筋的直径	尺量
	5	纵向受力钢筋的弯折后平直段长度	纵向受力钢筋的弯折后平直段长度应符合设计要求。光圆钢筋末端做 180°弯钩时，弯钩的平直段长度不应小于钢筋直径的 3 倍	尺量

类别	序号	检查项目	质量标准	检验方法及器具
主控项目	6	箍筋、拉筋的末端弯钩	对一般结构构件，箍筋弯钩的弯折角度不应小于90°，弯折后平直段长度不应小于箍筋直径的5倍；对有抗震设防要求或设计有专门要求的结构构件，箍筋弯钩的弯折角度不应小于135°，弯折后平直段长度不应小于箍筋直径的10倍；圆形箍筋的搭接长度不应小于其受拉锚固长度，且两末端均应做不小于135°的弯钩，弯折后平直段长度对一般结构构件不应小于箍筋直径的5倍，对有抗震设防要求的结构构件不应小于箍筋直径的10倍；梁、柱复合箍筋中单肢箍筋两端弯钩的弯折角度均不应小于135°，弯折后平直段长度应符合有关规定	尺量
	7	盘卷钢筋调直后力学性能和重量偏差检验	钢筋调直后应进行力学性能和重量偏差的检验，其强度应符合有关标准的规定，其断后伸长率、重量偏差应符合《混凝土结构工程施工质量验收规范》（GB 50204—2015）的规定	检查抽样检验报告
一般项目	1	钢筋表面质量	钢筋应平直、无损伤，表面不得有裂纹、油污、颗粒状或片状老锈	观察
	2	成型钢筋的外观质量和尺寸偏差	应符合国家现行有关标准的规定	观察、尺量
	3	钢筋机械连接套筒、钢筋锚固板以及预埋件等的外观质量	应符合国家现行有关标准的规定	检查产品质量证明文件观察、尺量
	4	钢筋加工偏差　受力钢筋沿长度方向的净尺寸	±10mm	尺量
		钢筋加工偏差　弯起钢筋的弯折位置	±20mm	尺量
		钢筋加工偏差　箍筋外廓尺寸	±5mm	尺量

（3）钢筋机械连接时，螺纹接头检验拧紧扭矩值，挤压接头测压痕直径：按《钢筋机械连接技术规程》（JGJ 107—2016）的规定确定。

2. 一般项目

（1）钢筋接头位置：全数检查。

（2）钢筋机械连接接头、焊接接头：按《钢筋机械连接技术规程》（JGJ 107—2016）和《钢筋焊接及验收规程》（JGJ 18—2012）的规定确定。

（3）纵向受力钢筋机械连接接头或焊接接头，同一连接区段内纵向受力钢筋接头面积百分率、纵向受力钢筋采用绑扎搭接接头：在同一检验批内，对梁、柱和独立基础，应抽查构件数量的 10%，且不应少于 3 件；对于墙和板，按有代表性自然间抽查 10%，不应小 3 间；对于大空间结构，墙可按相邻轴线间高度 5m 左右划分检查面，板可按纵横轴线划分检查面，抽查 10%，不应小于 3 面。

（4）梁、柱类构件纵向受力钢筋搭接长度范围内箍筋设置：同一检验批内，应抽查构件数量的 10%，且不应少于 3 件。

钢筋连接质量标准和检验方法如表 8-37 所示。

表 8-37　　　　　　　　　　　　钢筋连接质量标准和检验方法

类别	序号	验收项目	质量标准	检查方法及器具
主控项目	1	钢筋的连接方式	符合设计要求	观察
	2	钢筋机械连接或焊接连接时，钢筋机械连接接头、焊接接头的力学性能、弯曲性能	符合国家现行有关标准的规定	检查质量证明文件和抽样检验报告
	3	钢筋机械连接时，螺纹接头检验拧紧扭矩值，挤压接头测压痕直径	符合《钢筋机械连接技术规程》（JGJ 107—2016）的相关规定	采用专用扭力扳手或专用量规检查
一般项目	1	钢筋接头位置	符合设计及施工方案要求。有抗震设防要求的结构中梁端、柱端箍筋加密区范围内不应进行钢筋搭接。接头末端至钢筋弯起点的距离不应小于钢筋直径的 10 倍	观察，尺量

类别	序号	验 收 项 目	质 量 标 准	检查方法及器具
一般项目	2	钢筋机械连接接头、焊接接头	符合《钢筋机械连接技术规程》（JGJ 107—2016）和《钢筋焊接及验收规程》（JGJ 18—2012）规定	观察，尺量
	3	纵向受力钢筋机械连接接头或焊接接头，同一连接区段内纵向受力钢筋接头面积百分率	受拉接头，不宜大于50%；受压接头，可不受限制直接承受动力荷载的结构构件中，不宜采用焊接；当采用机械连接时，不宜超过50%	观察，尺量
	4	纵向受力钢筋采用绑扎搭接接头	接头的横向净间距不应小于钢筋直径，且不应小于25mm；同一连接区段内，纵向受拉钢筋的接头面积的百分率应符合设计要求；当设计无具体要求时，应符合下列规定：梁类、板类及墙类构件不宜超过25%，基础筏板类不宜超过50%。柱类构件不宜超过50%。当工程中确有必要增大接头面积百分率时，对梁类构件不应大于50%	观察，尺量
	5	梁、柱类构件纵向受力钢筋搭接长度范围内箍筋设置	箍筋直径不应小于搭接钢筋较大直径的1/4；受拉搭接区段的箍筋间距不应大于搭接钢筋较小直径的5倍，且不应大于100mm；受压搭接区段的箍筋间距不应大于搭接钢筋较小直径的10倍，且不应大于100mm；当柱中纵向受力钢筋直径大于25mm时，应在搭接接头两个端面外100mm范围内各设置两道箍筋，其间距宜为50mm	观察，尺量

8.4.5 钢筋安装

1. 主控项目

钢筋安装时，受力钢筋牌号、规格和数量、受力钢筋安装位置、锚固方式：全数检查。

2. 一般项目

钢筋安装允许偏差：在同一检验批内，对于梁、柱和独立基础，应抽查构件数量的10%，且不应少于3件；对于墙和板，按有代表性自然间抽查10%，不应小3间；对于大空间结构，墙可按相邻轴线间高度5m左右划分检查面，板可按纵横轴线划分检查面，抽查10%，不应小于3面。

钢筋连接质量标准和检验方法如表8-38所示。

表 8-38 钢筋连接质量标准和检验方法

类别	序号	检查项目			质量标准	检验方法及器具
主控项目	1	钢筋安装时，受力钢筋牌号、规格和数量			必须符合设计要求	检查产品合格证、出厂检验报告和进场复验报告
	2	受力钢筋安装位置、锚固方式			钢筋安装牢固，安装位置、锚固方式符合设计要求	观察，尺量
一般项目	1	钢筋安装允许偏差	绑扎钢筋网	长、宽	±10mm	尺量
				网眼尺寸	±20mm	尺量连续三挡，最大偏差值
			绑扎钢筋骨架	长	±10mm	尺量
				宽、高	±5mm	尺量
			纵向受力钢筋	锚固长度	−20mm	尺量
				间距	±10mm	尺量两端、中间一点，最大偏差值
				排距	±5mm	
			纵向受力钢筋、箍筋混凝土保护层厚度	基础	±10mm	尺量
				柱、梁	±5mm	尺量
				板、墙、壳	±3mm	尺量
			绑扎箍筋、横向钢筋间距		±20mm	尺量连续三挡，取最大偏差值
			钢筋弯起点位置		20mm	尺量
			预埋件	中心线位置	5mm	尺量
				水平高差	±3、0mm	塞尺量测

注 检查中心位置时，沿纵、横两个方向量测，并取其中偏差的较大值。

8.4.6 混凝土原材料

1. 主控项目

（1）水泥进场时，对其品种、代号、强度等级、包装或散装编号、出厂日期及水泥强度、安定性和凝结时间进行检验：按同一厂家、同一品种、同一代号、同一强度等级、同一批号且连续进场的水泥，袋装水泥不超过 200t 为一批，散装不超过 500t 为一批，每批抽样数量不应少于一次。

（2）混凝土外加剂进场时，对其品种、性能、出厂日期及外加剂相关性能指标进行检验：按同一厂家、同一品种、同一性能、同一批号且连续进场的混凝土外加剂，不超过 50t 为一批，每批抽样数量不应少于一次。

2. 一般项目

（1）混凝土用矿物掺合料进场时，对其品种、技术指标、出厂日期及矿物掺合料相关技术指标进行检验：按同一厂家、同一品种、同一性能、同一技术指标、同一批号且连续进场的矿物掺合料，粉煤灰、石灰石粉和钢铁渣粉不超过 200t 为一批，粒化高炉矿渣粉和复合矿物掺合料不超过 500t 为一批，沸石粉不超过 120t 为一批，硅灰不超过 30t 为一批，每批抽样数量不应少于一次。

（2）混凝土原材料中的粗骨料、细骨料进行检验：按《普通混凝土用砂、石质量及检验标准》（JGJ 52—2006）的规定确定。

（3）混凝土拌制及养护用水：同一水源检查不应少于一次。

混凝土原材料质量标准和检验方法如表 8-39 所示。

表 8-39　　　　　　　　　　混凝土原材料标准和检验方法

类别	序号	验收项目	质量标准	检查方法及器具
主控项目	1	水泥检验	水泥进场时，应对其品种、代号、强度等级、包装或散装编号、出厂日期等进行检查，并应对水泥强度、安定性和凝结时间等进行检验，检验结果符合《通用硅酸盐水泥》（GB 175—2007）的相关规定	检查质量证明文件和抽样检验报告
	2	外加剂质量及应用技术	混凝土外加剂进场时，应对其品种、性能、出厂日期等进行检查，并应对外加剂相关性能指标进行检验，检验结果应符合《混凝土外加剂》（GB 8076—2008）和《混凝土外加剂应用技术规范》（GB 50119—2013）的相关规定	检查质量证明文件和抽样检验报告

类别	序号	验 收 项 目	质 量 标 准	检查方法及器具
一般项目	1	矿物掺合料质量	混凝土用矿物掺合料进场时，应对其品种、技术指标、出厂日期等进行检查，并应对矿物掺合料的相关技术指标进行检验，检验结果应符合国家现行有关标准的规定	检查质量证明文件和抽样检验报告
	2	粗骨料、细骨料质量	混凝土原材料中的粗骨料、细骨料质量应符合《普通混凝土用砂、石质量及检验方法标准》（JGJ 52—2006）的规定，使用经过净化处理的海沙应符合《海砂混凝土应用技术规范》（JGJ 206—2010）的规定，再生混凝土骨料应符合《混凝土用再生粗骨料》（GB/T 25177—2010）和《混凝土和砂浆用再生细骨料》（GB/T 25176—2010）的规定	检查抽样检验报告
	3	混凝土拌制及养护用水	应符合《混凝土用水标准》（JGJ 63—2006）的规定；采用饮用水作为混凝土用水时，可不检验；采用中水、搅拌站清洗水、施工现场循环水等其他水源时，应对其成分进行检验	检查水质检验报告

8.4.7　混凝土拌合物

预拌混凝土应提供质量证明文件。主要包括混凝土配合比通知单、混凝土质量合格证、强度检验报告、混凝土运输单以及合同规定的其他资料。对大批量、连续生产的混凝土，质量证明文件还包括基本性能试验报告。由于混凝土的强度试验需要一定的龄期，强度检验报告可以在达到确定混凝土强度龄期后提供。预拌混凝土所用的水泥、骨料、掺合料等均应参照《普通混凝土用砂、石质量及检验标准》（JGJ 52—2006）进行检验，其检验报告在预拌混凝土进场时可不提供，但应在生产企业存档保留，以便需要时查阅使用。

除检查质量证明文件外，尚应对预拌混凝土进行进场检验。

1. 主控项目

（1）预拌混凝土、混凝土拌合物：全数检查。

（2）混凝土中氯离子含量和碱总含量、首次使用混凝土配合比进行开盘鉴定，原材料、强度、凝结时间、稠度；同一配合比的混凝土检查不应少于一次。

在混凝土中，水泥、骨料、外加剂和拌合用水等都可能含有氯离子，可能引起混凝土结构中钢筋的锈蚀，应严格控制其氯离子含量。混凝土碱含量过高，在一定条件下会导致碱骨料反应。钢筋锈蚀或碱骨料反应都将严重影响结构构件受力性能和耐久性。

开盘鉴定是为了验证混凝土的实际质量与设计要求的一致性。开始生产时应至少留置一组标准养护试件，作为验证配合比的依据。开盘鉴定资料包括混凝土原材料检验报告、混凝土配合比通知单、强度试验报告及配合比设计所要求的性能等。

2. 一般项目

（1）混凝土拌合物稠度：对于同一配合比混凝土，取样应符合以下规定：每拌制100盘不超过100m³时，取样不少于一次；每工班拌制不足100盘时，取样不少于一次；连续浇筑超过1000m³时，每200m³取样不得少于一次；每一楼层取样不得少于一次。

混凝土拌合物稠度，根据《普通混凝土拌合物性能试验方法标准》（GB/T 50080—2016）的规定，包括坍落度、坍落扩展度、维勃稠度等。通常，在现场测定混凝土坍落度。但是，对于大流动度的混凝土，仅用坍落度已无法全面反映混凝土的流动性能，所以对于当坍落度大于220mm的混凝土，还应测量坍落扩展度，用混凝土扩展度坍落度的相互关系来综合评价混凝土的稠度。对于骨料最大粒径不超过40mm，维勃稠度在（5～30)s之间的混凝土拌合物，则用维勃稠度表达混凝土的流动性。

（2）混凝土耐久性：同一配合比的混凝土，取样不应少于一次，留置试件数量应符合《普通混凝土长期性能和耐久性能试验方法标准》（GB/T 50082—2009）和《混凝土耐久性检验评定标准》（JGJ/T 193—2009）的规定。

依据《混凝土耐久性检验评定标准》（JGJ/T 193—2009），涉及混凝土耐久性的指标有：抗冻等级、抗冻标号、抗渗等级、抗硫酸盐等级、抗氯离子渗透性能等级、抗碳化性能等级以及早期抗裂性能等级等，不同的耐久性试验需要制作不同的试件，具体要求应按照《普通混凝土长期性能和耐久性能试验方法标准》（GB/T 50082—2009）的规定执行。

（3）混凝土抗冻要求时，混凝土含气量：同一配合比的混凝土，取样不应少于一次，取样数量应符合《普通混凝土拌合物性能试验方法标准》（GB/T 50080—2016）的规定。

在混凝土中加入具有引气功能的外加剂后，能够增加混凝土中的含气量，有利于提高混凝土的抗冻性，使混凝土具有更好的耐久性和长期性能。混凝土的含气量低于设计要求，将降低混凝土的抗冻性能；高于设计要求，往往对混凝土的强度产生不利影响，故应严格控制混凝土的含气量。

混凝土拌合物质量标准和检验方法如表 8-40 所示。

表 8-40　　　　　　　　　**混凝土拌合物标准和检验方法**

类别	序号	验收项目	质量标准	检查方法及器具
主控项目	1	预拌混凝土	符合《预拌混凝土》（GB/T 14902—2012）的规定	检查质量证明文件
	2	混凝土拌合物	不应离析	观察
	3	氯离子含量和碱总含量	符合《混凝土结构设计规范（2015 年版）》（GB 50010—2010）的规定和设计要求	检查原材料试验报告和氯离子、碱的总含量计算书
	4	混凝土配合比	首次使用混凝土配合比应进行开盘鉴定，其原材料、强度、凝结时间、稠度等应满足设计配合比要求	检查开盘鉴定资料和强度试验报告
一般项目	1	混凝土拌合物稠度	满足施工方案要求	检查稠度抽样检验记录
	2	混凝土耐久性	应符合国家现行有关标准的规定和设计要求	检查试件耐久性试验报告
	3	混凝土抗冻要求时，混凝土含气量	应符合国家现行有关标准的规定和设计要求	检查混凝土含气量试验报告

8.4.8　混凝土施工

1. 主控项目

混凝土强度：强度等级必须符合设计要求，用于检验混凝土强度的试件应在浇筑地点随机抽取。对于同一配合比混凝土，取样与试件留置应符合以下规定：每拌制 100 盘不超过 $100m^3$ 时，取样不少于一次；每工班拌制不足 100 盘时，取样不少于一次；连续浇筑超过 $1000m^3$ 时，每 $200m^3$ 取样不得少于一次；每一楼层取样不得少于一次；每次取样应至少留置一组试件。

混凝土强度等级是针对强度评定检验批而言的，应将整个检验批的所有各组混凝土试件强度代表值按《混凝土强度检验评定标准》（GB/T 50107—2010）的有关公式进行计算，以评定该检验批的混凝土强度等级，并非指某一组或几组混凝土标准养护试件的抗压强度代表值。

对用于检验混凝土强度的试件的规定，包含两个要求：一是试件制作地点和抽样方法的要求；二是试件制作数量的要求。试件制作的地点应为浇筑地点，通常指入模处。

如需 3、7、14d 等过程质量控制试件，可根据实际情况自行确定。

2. 一般项目

后浇带的留设位置、混凝土浇筑完毕后，养护时间及养护方法：全数检查。

混凝土后浇带对控制混凝土结构的温度、收缩裂缝有较大作用。混凝土后浇带位置应按设计要求留置，后浇带混凝土浇筑时间、处理方法也应事先在施工方案中确定。

混凝土施工缝不应随意留置，其位置应事先在施工方案中确定。确定施工缝位置的原则为尽可能留置在受力较小的部位，留置部位应便于施工。承受动力作用的设备基础，原则上不应留置施工缝；当需要留置时，应符合设计要求并按施工方案执行。

养护条件对于混凝土强度的增长有重要影响。在施工过程中，应根据原材料、配合比、浇筑部位和季节等具体情况，制订合理的养护技术方案，采取有效的养护措施，保证混凝土强度正常增长。养护方案应该确定具体的养护方法及养护时间，并应符合《混凝土结构工程施工规范》（GB 50666—2011）的规定。

混凝土施工质量标准和检验方法如表 8-41 所示。

表 8-41　　　　　　　　　　混凝土施工质量标准和检验方法

类别	序号	验收项目	质量标准	检查方法及器具
主控项目	1	混凝土强度等级	必须符合设计要求和国家现行有关标准的规定	检查施工记录及混凝土强度试验报告
一般项目	1	后浇带的留设位置	符合设计和施工方案要求	观察
	2	混凝土浇筑完毕后，养护时间及养护方法	符合施工方案要求	观察，检查混凝土养护记录

8.4.9　现浇混凝土结构外观及尺寸偏差

现浇结构质量验收应符合下列规定：现浇结构质量验收应在拆模后、混凝土表面未做修整和装饰前进行，并应做出记录；已经隐蔽的不可直接观察和量测的内容，可检查隐蔽工程验收记录；修整或返工的结构构件或部位应有实施前后的文字及图像记录。

（1）主控项目：全数检查。

（2）一般项目：

1）外观质量：全数检查。

现浇结构外观和尺寸质量验收应在拆模后及时进行。即使混凝土表面存在缺陷，验收前也不应进行修整、装饰或各种方式的覆盖。

修整或返工的结构构件或部位，其实施前后的文字及图像记录是指对缺陷情况和缺陷等级的描述、处理方案、实施过程图像记录以及实施后外观的文字和图像记录。

对现浇结构外观质量的验收，采用检查缺陷，并对缺陷的性质和数量加以限制的方法进行。各种缺陷的数量限制可根据实际情况作出规定。

在具体实施中，外观质量缺陷对结构性能和使用功能等的影响程度，应由监理、施工等各方根据其对结构性能和使用功能影响的严重程度共同确定。对于具有外观质量要求较高的清水混凝土，考虑到其装饰效果属于主要使用功能，可将其表面外形缺陷、外表缺陷定为严重缺陷。

2）尺寸偏差：按楼层、结构缝或施工段划分检验批。在同一检验批内，对于梁、柱和独立基础，应抽查构件数量的 10%，且至少 3 件；对于墙和板，应按有代表性的自然间抽查 10%，且不少于 3 间；对于大空间结构，墙可按相邻轴线间高度不大于 5m 划分检查面，板可按纵、横轴线划分检查面，抽查 10%，且均不少于 3 面；对于电梯井，应全数检查。

现浇混凝土结构外观及尺寸偏差质量标准和检验方法如表 8-42 所示。

表 8-42　　　　　　　　现浇混凝土结构外观及尺寸偏差质量标准和检验方法

类别	序号	验收项目	质量标准	检查方法及器具
主控项目	1	外观质量	不应有严重缺陷。对已出现的严重缺陷，应有施工单位提出技术处理方案，并经监理单位认可后进行处理；对于裂缝及连接部位的严重缺陷及影响结构安全的严重缺陷，技术处理方案应经设计单位认可。对经处理的部位重新验收	观察，检查处理记录
	2	位置与尺寸偏差	不应有影响结构性能和使用功能的尺寸偏差。混凝土设备基础不应有影响结构性能和设备安装的尺寸偏差；对超过尺寸允许偏差且影响结构性能和安装、使用功能的部位，应由施工单位提出技术处理方案，并经监理、设计单位认可后进行处理。对经处理的部位应重新检查验收	量测，检查处理记录

续表

类别	序号	验收项目			质量标准	检查方法及器具
一般项目	1	外观质量			不应有一般缺陷。对已经出现的一般缺陷，应由施工单位按技术处理方案进行处理，对经处理的部位重新验收	观察，检查处理记录
	2	轴线位移	整体基础		≤15mm	经纬仪及尺量
			独立基础		≤10mm	经纬仪及尺量
			墙、柱、梁		≤8mm	尺量
	3	垂直度	层高	≤6m	≤10mm	经纬仪或吊线、尺量
				>6m	≤12mm	
			全高（H）≤300m		≤H/30000+20mm	
			全高（H）>300m		≤H/10000，且不大于80mm	
	4	标高偏差	层高		±10mm	水准仪或拉线、尺量
			全高		±30mm	
	5	截面尺寸偏差	基础		+15～−10mm	尺量
			柱、梁、板、墙		+10～−5mm	尺量
			楼梯相邻踏步高度		≤6mm	尺量
	6	电梯井	中心位置		≤10mm	尺量
			长、宽尺寸		+25～0mm	尺量
	7	表面平整度			≤8mm	2m靠尺和楔形塞尺量测
	8	预埋件中心位置	预埋板		≤10mm	尺量
			预埋螺栓		≤5mm	尺量
			预埋管		≤5mm	尺量
			其他		≤10mm	尺量
	9	预留洞中心位移			≤15mm	尺量

8.4.10 预制构件

装配式结构分项工程的验收包括预制构件进场、预制构件安装以及装配式结构特有的钢筋连接和构件连接等内容。对于装配式结构现场施工中涉及的钢筋绑扎、混凝土浇筑等内容，应分别纳入钢筋、混凝土、预应力等分项工程进行验收。预制构件包括在专业企业生产和总承包单位制作的构件。对于专业企业的预制构件，其作为"产品"进行进场验收，具体应符合国家现行相关标准的规定。装配式结构分项工程可按楼层、结构缝或施工段划分检验批。

专业企业生产的预制构件进场时，进场时应检查质量证明文件。质量证明文件包括产品合格证明书、混凝土强度检验报告及其他重要检验报告等；预制构件的钢筋、混凝土原材料、预应力材料、预埋件等均应参照国家现行相关标准的有关规定进行检验。其检验报告在预制构件进场时可不提供，但应在构件生产企业存档保留，以便需要时查阅。对于进场时不做结构性能检验的预制构件，质量证明文件尚应包括预制构件生产过程的关键验收记录。

预制构件结构性能检验应符合下列规定：

（1）梁板类简支受弯预制构件进场时应进行结构性能检验，并应符合下列规定：结构性能检验应符合国家现行相关标准的有关规定及设计的要求，检验要求和试验方法应符合相关规范的规定。钢筋混凝土构件和允许出现裂缝的预应力混凝土构件应进行承载力、挠度和裂缝宽度检验；不允许出现裂缝的预应力混凝土构件应进行承载力、挠度和抗裂检验。对大型构件及有可靠应用经验的构件，可只进行裂缝宽度、抗裂和挠度检验。对使用数量较少的构件，当能提供可靠依据时，可不进行结构性能检验。

（2）对其他预制构件，除设计有专门要求外，进场时可不做结构性能检验。

（3）对进场时不做结构性能检验的预制构件，应采取下列措施：施工单位或监理单位代表应驻厂监督制作过程；当无驻厂监督时，预制构件进场时应对预制构件主要受力钢筋数量、规格、间距及混凝土强度等进行实体检验。

1. 主控项目

（1）预制构件质量、预制构件外观质量、预制构件上的预埋件、预留插筋、预埋管线的规格和数量及预留孔、预留洞数量：全数检查。

（2）预制构件结构性能：同一类型预制构件不超过 1000 个为一批，每批随机抽取 1 个构件进行结构性能检验。"同类型"是指同一钢种、同一混凝土强度等级、同一生产工艺和同一结构形式。抽取预制构件时，宜从设计荷载最大、受力最不利或生产数量最多的预制构件中抽取。

2. 一般项目

（1）预制构件标识、预制构件的外观质量、预制构件粗糙面质量及键槽数量：全数检查。

（2）预制构件尺寸允许偏差：同一类型的构件，不超过 100 个为一批，每批抽查构件数量的 5%，且不应少于 3 个。

预制构件质量标准和检验方法如表 8-43 所示。

表 8-43 预制构件质量标准和检验方法

类别	序号	验收项目			质量标准	检查方法及器具
主控项目	1	预制构件质量			应符合《混凝土结构工程施工质量验收规范》（GB 50204—2015）、国家现行有关标准的规定和设计要求	检查质量证明文件或质量验收记录
	2	预制构件结构性能			应符合国家现行有关标准的有关规定和设计要求	检查结构性能检验报告或实体检验报告
	3	预制构件外观质量			不应有严重缺陷和尺寸偏差，且不应有影响结构性能和安装、使用功能的尺寸偏差	观察，尺量；检查处理记录
	4	预制构件上的预埋件、预留插筋、预埋管线的规格和数量及预留孔、预留洞数量			应符合设计要求	观察
一般项目	1	预制构件标识			有标识	观察
	2	预制构件的外观质量			不应有一般缺陷	观察
	3	预制构件粗糙面质量及键槽数量			应符合设计要求	观察
	4	预制构件尺寸允许偏差	长度	楼板、梁柱桁架 <12m	±5mm	尺量
				≥12m 且小于 18m	±10mm	
				≥18m	±20mm	
				墙板	±4mm	
			宽度、度（厚）度	楼板、梁、柱、桁架	±5mm	尺量一端或中部，其中偏差绝对值较大处
				墙板	±4mm	
			表面平整度	楼板、梁、柱、墙板内表面	≤5mm	2m 靠尺和塞尺量测
				墙板外表面	≤3mm	
			侧向弯曲	楼板、梁、柱	$L/750$ 且不大于 20mm	直尺量测最大侧向弯曲处
				墙板、桁架	$L/1000$ 且不大于 20mm	
			翘曲	楼板	≤$L/750$mm	调平尺在两端量测
				墙板	≤$L/1000$mm	
			对角线	楼板	≤10mm	尺量两个对角线
				墙板	≤5mm	
			预留孔	中心线位置	≤5mm	尺量
				洞口尺寸、位置	±5mm	
			预留洞	中心线位置	≤10mm	尺量
				洞口尺寸、位置	±10mm	

续表

类别	序号	验收项目			质量标准	检查方法及器具
一般项目	4	预制构件尺寸允许偏差	预埋件	预埋板中心线位置	≤5mm	尺量
				预埋板与混凝土面平面高差	0、−5mm	
				预埋螺栓	≤2mm	
				预埋螺栓外漏长度	+10、−5mm	
				预埋套筒、螺母中心线位置	≤2mm	
				预埋套筒、螺母与混凝土面平面高差	±5mm	
			预留插筋	中心线位置	5mm	尺量
				外漏长度	+10、−5mm	
			键槽	中心线位置	≤5mm	尺量
				长度、宽度	±5mm	
				深度	±10mm	

注　L 为构件长度，单位为 mm。

8.4.11　结构安装与连接

1. 主控项目

(1) 预制构件临时固定措施、装配式结构施工后外观质量及尺寸偏差：全数检查。

(2) 钢筋套筒灌浆连接的材料及连接质量：按《钢筋套筒灌浆连接应用技术规程》(JGJ 355—2015) 的规定。

(3) 钢筋焊接连接的接头质量：按《钢筋焊接及验收规程》(JGJ 18—2012) 的有关规定。

(4) 钢筋机械连接的接头质量：按《钢筋机械连接技术规程》(JGJ 107—2016) 的规定确定。

(5) 预制构件焊接、螺栓连接等连接方式的材料性能及施工质量：按《钢结构工程施工质量验收规范》(GB 50205—2020) 和《钢筋焊接及验收规程》(JGJ 18—2012) 的规定确定。

(6) 装配式结构用现浇混凝土连接时，构件连接处后浇混凝土强度：按上述后浇混凝土强度检测要求进行。

2. 一般项目

(1) 预制结构施工后外观质量：全数检查。

(2) 预制构件位置和尺寸允许偏差：按楼层、结构缝或施工段划分检验批。在同一

特高压电力综合管廊盾构隧道工程验收手册

检验批内，对于梁、柱和独立基础，应抽查构件数量的 10%，且于不应少于 3 件；对于墙和板，按有代表性自然间抽查 10%，不应小 3 间；对于大空间结构，墙可按相邻轴线间高度 5m 左右划分检查面，板可按纵横轴线划分检查面，抽查 10%，不应小于 3 面。

预制结构安装与连接质量标准和检验方法如表 8-44 所示。

表 8-44 　　　　　　　　　**预制结构安装与连接质量标准和检验方法**

类别	序号	验 收 项 目			质 量 标 准	检 查 方 法 及 器 具
主控项目	1	预制构件临时固定措施			符合施工方案要求	观察
	2	钢筋套筒灌浆连接的材料及连接质量			符合《钢筋套筒灌浆连接应用技术规程》（JGJ 355—2015）的规定	检查质量证明文件、灌浆记录及相关检验报告
	3	钢筋焊接连接的接头质量			符合《钢筋焊接及验收规程》（JGJ 18—2012）的规定	检查质量证明文件及平行加工试件的检验报告
	4	钢筋机械连接的接头质量			符合《钢筋机械连接技术规程》（JGJ 107—2016）的规定	检查质量证明文件、施工记录及平行加工试件的检验报告
	5	预制构件焊接、螺栓连接等连接方式的材料性能及施工质量			符合《钢结构工程施工质量验收规范》（GB 50205—2020）和《钢筋焊接及验收规程》（JGJ 18—2012）的规定	检查施工记录及平行加工试件的检验报告
	6	装配式结构用现浇混凝土连接时，构件连接处后浇混凝土强度			符合设计要求	检查混凝土强度试验报告
	7	装配式结构施工后外观质量及尺寸偏差			外观质量不应有严重缺陷，且不应有影响结构性能和安装、使用功能的尺寸偏差	观察、量测；检查处理记录
一般项目	1	装配式结构施工后外观质量			不应有一般缺陷	观察、检查处理记录
	2	装配式结构构件位置和尺寸允许偏差	构件轴线位置	竖向构件（柱、墙板、桁架）	≤8mm	经纬仪、尺量
				水平构件（梁、楼板）	≤5mm	
			标高	梁、柱、墙板楼板底面或顶面	±5mm	水准仪或吊线、尺量
			构件垂直度	柱、墙板安装后的高度 ≤6m	≤5mm	经纬仪或吊线、尺量
				>6m	≤10mm	

186

续表

类别	序号	验收项目			质量标准	检查方法及器具
一般项目	2	装配式结构构件位置和尺寸允许偏差	构件倾斜度	梁、桁架	≤5mm	经纬仪或吊线、尺量
			相邻构件平整度	梁、楼板底面 外露	≤5mm	2m靠尺和塞尺量测
				梁、楼板底面 不外露	≤5mm	
				柱、墙板 外露	≤5mm	
				柱、墙板 不外露	≤8mm	
			构件搁置长度	梁、板	±10mm	尺量
			支座、支垫中心位置	板、梁、柱、墙板、桁架	≤10mm	尺量
			墙板接缝宽度		≤5mm	尺量

8.4.12 普通紧固件连接工程

1. 主控项目

（1）钢结构连接用材料的品种、规格、性能等：全数检查。

（2）普通螺栓最小拉力载荷复验：每一规格螺栓抽查8个。

（3）连接薄钢板：按连接节点数抽查1%，且不应少于3个。

2. 一般项目

按连接节点数抽查10%，且不应少于3个。普通紧固件连接工程质量标准和检验方法如表8-45所示。

表8-45　　　　　　普通紧固件连接工程质量标准与检验方法

类别	序号	验收项目	质量标准	检查方法及器具
主控项目	1	钢结构连接用材料的品种、规格、性能等	应符合现行国家产品标准和设计要求	检查产品的质量合格证明文件、中文标志及检验报告
	2	普通螺栓最小拉力载荷复验	普通螺栓作为永久性连接螺栓时，当设计有要求或对其质量有疑义时，螺栓实物最小拉力载荷复验应符合现行国家标准的规定	检查复验报告
	3	连接薄钢板采用的自攻螺、拉铆钉、射钉等规格尺寸、间距、边距	连接薄钢板采用的自攻螺、拉铆钉、射钉等其规格尺寸应与连接钢板相匹配，其间距、边距等应符合设计要求	观察和钢尺检查

特高压电力综合管廊盾构隧道工程验收手册

类别	序号	验收项目	质量标准	检查方法及器具
一般项目	1	螺栓紧固	螺栓紧固应牢固、可靠、外露丝扣不应少于2扣	观察和用小锤敲击检查
	2	自攻螺栓、拉铆钉、射钉等与连接钢板	应紧固密贴，外观排列整齐	观察或用小锤敲击检查

第9章
管片工程施工质量验收

9.1 一 般 规 定

隧道预制衬砌环的基本单元，管片的类型有钢筋混凝土管片、纤维混凝土管片、钢管片、铸铁管片、复合管片等。

负环管片是指为盾构始发掘进传递推力的临时管片。

开模是指打开钢筋混凝土管片模具上部或侧部模板的过程。

出模是指钢筋混凝土管片脱离模具的过程。

管片生产设备和设施，如混凝土搅拌、运输、振捣、养护和管片起吊等设备，应定期进行检定或测试，满足生产要求后方可使用。

对盾构隧道管片质量检验项目、检验方法及验收等进行科学、系统、全面的整理，对促进轨道交通工程建设发展，保障和提高盾构隧道管片质量具有指导意义。

9.2 钢筋混凝土管片模具

管片模具施工质量保证混凝土管片成型质量关键项目。其中，模具的稳定性是指模具在设计周转次数内不变形，以满足对反复振捣、高温和温度重复变化等抗疲劳性能的要求。模具应具有足够的承载能力、刚度、稳定性和良好的密封性能，并应满足管片尺寸和形状等质量要求。模具应便于安装、拆卸和使用。

模具是保证管片质量的最重要的环节，其材质和制作精度要求高，在实际生产中，不仅要对模具进行实测实量，还应考虑荷载和振动等影响因素，进行管片试生产，并经水平拼装检测合格才能通过验收。

由于管片的检测以原始出厂数据为依据，且不同批次的管片因检测工具的不同会带来可能超过预期的偏差。因此，管片厂家在采购和验收模具时，最好要求模具制作厂家提供配套的数据和工具。

模具验收应符合下列规定：模具材料应满足质量要求，焊条材质应与被焊物的材质相适应；模具安装后应进行初验，符合设计要求后可试生产，并应在试生产的管片中随机抽取 3 环进行水平拼装检验，合格后方可通过验收；每套模具应有原始出厂数据；每批模具宜配备检测工具。

当出现下列情况之一时，应对模具进行检验，检验结果应满足钢筋混凝土管片的质量控制要求：模具每周转 100 次；模具受到重击或严重碰撞；钢筋混凝土管片几何尺寸不合格；模具停用超过 3 个月，投入生产前。

合模与开模是影响混凝土管片成型质量的关键环节。合模与开模应符合下列规定：

（1）合模前应清理模具各部位，内表面不应有杂物和浮锈。

（2）模具内表面应均匀涂刷薄层脱模剂，模板夹角处不应漏涂，且应无积聚、流淌现象，钢筋骨架和预埋件严禁接触脱模剂；脱模剂过多或过少都不利于混凝土管片的脱模质量，因此应均匀薄层涂刷。钢筋骨架和预埋件与脱模剂接触会降低其与混凝土的握裹力，不利于结构安全。

（3）螺栓孔预埋件、注浆孔预埋件以及其他预埋件和模具接触面应密封良好。

（4）合模与开模应按使用说明书规定操作，并应保护模具和管片；合模和开模不当会对模具造成损害，影响模具精度。因此，要严格按照使用说明书的规定顺序操作，并加强对模具和管片的保护。

（5）合模后应核对快速组装标记，模具接缝处不应漏浆。模具厂家需在端模和长侧模的上部两端以及紧固螺栓的周边设有快速组装标记，该标记可以起到核验模具精度的作用。如果接缝漏浆，脱模后管片表面将出现疏松或蜂窝等缺陷，因此要确保接缝严密。

（6）各种预埋件和模具接触面的密封良好利于保证预埋质量。

（7）管片出模强度应符合设计要求；当设计无要求时，应根据管片尺寸、混凝土强度设计等级、起吊方式和存放形式等因素综合确定。管片出模强度可参考《预制混凝土衬砌管片》（GB/T 22082—2017）的规定。当采用吸盘脱模时，管片出模时的混凝土强度应不低于 15MPa；当采用其他方式脱模时，应不低于 20MPa。

检查数量：全数检查。

钢筋混凝土管片模具质量检验标准和检验方法如表 9-1 所示。

表 9-1　　　　　　　　　钢筋混凝土管片模具质量标准和检验方法

类别	序号	验收项目	质量标准	检查方法及器具
主控项目	1	管片模具	必须具有足够的承载能力、刚度、稳定性和良好的密封性能，并应满足管片的尺寸和形状要求	检查管片技术文件；观察量测

类别	序号	验收项目		质量标准	检查方法及器具
主控项目	2	管片出模强度		应符合设计要求；当设计无要求时，应根据管片尺寸、混凝土强度设计等级、起吊方式和存放形式等因素综合确定；当采用吸盘脱模时，管片出模时的混凝土强度应不低于 15MPa；当采用其他方式脱模时，应不低于 20MPa	检查同条件养护试件强度试验报告
一般项目	1	合模		合模前应仔细清理模具各部位，内表面不得有杂物和浮锈；合模与开模应按使用说明书规定操作；合模后应核对快速组装标记，模具接缝处不应漏浆；模具内表面应均匀涂刷薄层脱模剂，模板夹角处不得漏涂，且无积聚、流淌现象，钢筋骨架和预埋件严禁接触脱模剂；螺栓孔预埋件、注浆孔预埋件以及其他预埋件和模具接触面应密封良好	观察
一般项目	2	管片模具允许偏差	宽度	±0.4mm	内径千分尺测量
一般项目	2	管片模具允许偏差	弧弦长	±0.4mm	样板，塞尺
一般项目	2	管片模具允许偏差	内腔高度	−1～2mm	尺量
一般项目	2	管片模具允许偏差	合模间隙	≤0.2mm	塞尺、尺量

9.3 钢筋混凝土原材料及加工

钢筋混凝土管片原材料应符合下列规定：

（1）应具备产品质量证明文件，并应经复检合格；混凝土骨料宜采用非碱活性骨料。

（2）当采用碱活性骨料时，混凝土中碱含量的限值应符合《混凝土结构设计规范（2015 年版）》（GB 50010—2010）的规定。

（3）预埋件规格和性能应符合设计要求。

钢板的厚度、型钢的规格尺寸是影响承载力的主要因素，进场验收时应重点抽查钢板厚度和型钢规格尺寸。钢管片的钢材、焊接材料、防腐涂料、稀释剂和固化剂等原材料的品种、规格和性能等应符合设计要求。

对水工隧道尤其是排污隧道应按设计要求采取防腐蚀措施。通常钢管片的防腐要求严格，故对防腐涂料、稀释剂和固化剂等材料提出要求。

钢筋加工是管片生产的关键环节。钢筋的品种、级别、规格和位置应符合设计要求。钢筋加工应符合下列规定：

（1）应按设计文件中的钢筋下料表进行钢筋切断或弯曲。

（2）弧形钢筋加工时应防止平面翘曲，成型后表面不得有裂纹，并应验证成型尺寸；钢筋弯弧时进料应轻送，进入弯弧机时应保持平衡、匀速，防止平面翘曲。弯后的钢筋应在靠模上校核，弧度不符合要求时应重新进行弯制，合格后方可使用。

（3）为了减少钢筋加工中的浪费，经设计允许后方可在受力钢筋设置接头，且接头数量和位置应满足设计或有关标准要求。当设计允许受力钢筋设置接头时，可采用对焊连接或机械连接，接头质量应符合《钢筋焊接及验收规程》（JGJ 18—2012）或《钢筋机械连接技术规程》（JGJ 107—2016）的规定，对接头进行拉伸试验、弯曲试验及外观检查。机械连接的接头比对焊连接的接头有更好的力学性能和质量保证，应依据《钢筋机械连接技术规程》（JGJ 107—2016）对接头钢筋进行检验。但由于盾构管片的钢筋具有一定弧度，当采用机械连接时，可采用以下步骤：首先要根据钢筋丝扣的数量和丝距选用与之匹配的套筒，以避免连接后的钢筋发生扭曲、错位；其次对钢筋进行套丝、弯曲；之后再用套筒进行连接；最后应控制连接后钢筋的弧长在允许误差范围之内。

管片原材料及加工的验收项目如下：

（1）主控项目。

1）原材力学性能和重量偏差检验、抗震用钢筋强度和最大力下总伸长值实测值：按进场批次和产品的抽样检验方案确定。

2）钢筋纵向受力钢筋强度、伸长率、钢筋的弯钩和弯折、箍筋的末端弯钩、盘卷钢筋调直后力学性能和重量偏差检验：每工作班同一类型、同一设备加工不超过 15 环的钢筋抽查不应少于 5 环。

3）钢筋连接：按《钢筋焊接及验收规程》（JGJ 18—2012）或《钢筋机械连接技术规程》（JGJ 107—2016）的规定。

（2）一般项目。

1）钢筋表面质量：全数检查。

2）钢筋加工允许偏差：每工作班同一类型、同一设备加工不超过 15 环的钢筋抽查不应少于 5 环。

管片原材料及加工质量标准和检验方法如表 9-2 所示。

表 9-2   管片原材料及加工质量标准和检验方法

类别	序号	验收项目	质量标准	检查方法及器具
主控项目	1	原材料抽检	钢筋进场时，应按现行国家现行程相关标准的规定抽取试件做屈服强度、抗拉强度、伸长率、弯曲性能和重量偏差检验，检验结果必须符合有关标准的规定	检查质量证明文件和抽样检验报告
	2	纵向受力钢筋强度、伸长率	抗拉强度实测值与屈服强度实测值的比值不应小于1.25；屈服强度实测值与屈服强度标准值的比值不应大于1.30；最大力下总伸长率不应小于9%	检查抽样检验报告
	3	钢筋的弯钩和弯折	应符合《混凝土结构工程施工质量验收规范》（GB 50204—2015）的有关规定	尺量
	4	箍筋的末端弯钩	箍筋弯钩的弯弧内直径应符合《混凝土结构工程施工质量验收规范》（GB 50204—2015）的有关规定；箍筋弯钩的弯折角度应不应小于135°，弯折后平直段长度不应小于箍筋直径的5倍	尺量
	5	盘卷钢筋调直后力学性能和重量偏差检验	钢筋调直后应进行力学性能和重量偏差的检验，其强度应符合有关标准的规定，其断后伸长率、重量偏差应符合《混凝土结构工程施工质量验收规范》（GB 50204—2015）的规定	检查抽样检验报告
	6	钢筋连接	当设计允许受力钢筋设置接头时，可采用对焊连接或机械连接，接头质量应符合《钢筋焊接及验收规程》（JGJ 18—2012）或《钢筋机械连接技术规程》（JGJ 107—2016）的规定	检查产品质量证明文件；观察、尺量
一般项目	1	钢筋表面质量	弧形钢筋加工时应防止平面翘曲，成型后表面不得有裂纹，并应验证成型尺寸；钢筋焊接前须消除焊接部位的铁锈、水锈和油污等，钢筋端部的扭曲处应矫直或切除。施焊后焊缝表面应平整，不得有烧伤、裂纹等缺陷	观察

续表

类别	序号	验 收 项 目	质 量 标 准		检查方法及器具
一般项目	2	钢筋加工偏差	主筋和构造筋长度	±10mm	尺量
			主筋折弯点位置	±10mm	尺量
			箍筋内净尺寸	±5mm	尺量

9.4 管片钢筋骨架安装

钢筋骨架是混凝土管片的主要受力结构，需要对其焊接质量和成品验收提出要求。为了防止焊接部位产生夹渣、气孔等缺陷，在焊接区域内应清除钢筋表面锈蚀、油污等。在正式焊接之前，应采用与生产相同条件进行焊接工艺试验，以便了解钢筋焊接性能，选择最佳焊接参数。每种牌号、每种规格钢筋至少做1组试件。当不合格时，应改进工艺，调整参数，直至合格为止。为了保证钢筋骨架整体结构性能，带接头的受力钢筋不应过多，且不能置于受力较大或可能出现应力集中的位置。

钢筋骨架安装应符合下列规定：骨架入模时不应对模具造成损坏，入模后骨架各部位的保护层应符合设计要求；浇筑混凝土前，应进行钢筋隐蔽工程验收。

钢筋骨架安装应注意不要损坏模具，安装后要进行验收。钢筋骨架的起吊点宜在主筋和构造筋的交叉点，避免骨架钢筋错位。钢筋骨架就位时，应从模板上方垂直轻放且缓慢调整其位置，避免骨架撞击模具成型面，造成模具表面的坑坑洼洼，影响管片成品的表观质量。

钢筋隐蔽工程的验收内容包括纵向主筋的品种、规格、数量、位置等，箍筋、横向钢筋的品种、规格、数量、间距等，预埋件的规格、数量、位置等，钢筋的连接方式、接头位置、接头数量和接头面积百分率等。

钢筋骨架应符合下列规定：

（1）当钢筋骨架连接时，应按设计文件中的钢筋下料表核对钢筋级别、规格、长度、根数及胎具型号。

（2）焊接前应对焊接处进行检查，不应有水锈、油渍，焊接后不应有焊接缺陷。

（3）当采用焊接连接时，应根据钢筋级别、直径及焊机性能进行试焊，并应在确定焊接参数后，方可批量施焊；焊接骨架的焊点设置应符合设计要求，当设计无规定时，宜采用对称跳点焊接。

（4）同一钢筋骨架不得使用多于两根带有接头的纵向受力钢筋，且不得相邻布置。

主控项目：全数检查。

一般项目：每工作班同一类型、同一设备加工不超过 15 环的钢筋抽查不应少于 5 环。

管片钢筋骨架安装质量标准和检验方法如表 9-3 所示。

表 9-3 管片钢筋骨架安装质量标准和检验方法

类别	序号	验 收 项 目			质 量 标 准	检查方法及器具
主控项目	1	钢筋的品种、级别、规格和位置			符合设计要求	检查产品合格证、出厂检验报告和进场复验报告
一般项目	1	钢筋骨架成型			采用焊接连接时，应根据钢筋级别、直径及焊机性能进行试焊，并确定焊接参数后，方可批量施焊；焊接骨架的焊点设置应符合设计要求，当设计无规定时，宜采用对称跳点焊接；同一钢筋骨架不得使用多于两根带有接头的纵向受力钢筋，且不得相邻布置	观察
	2	钢筋骨架安装允许偏差	钢架	长	＋5、－10mm	尺量
				宽	＋5、－10mm	
				高	＋5、－10mm	
			主筋	间距	±10mm	
				层距	±5mm	
			箍筋间距		±10mm	
			分布筋间距		±5mm	
	3	保护层厚度			应符合设计要求	尺量
	4	预埋件	中心线位置		5mm	尺量
			水平高差		±3、0mm	

9.5 管片混凝土施工

检验混凝土性能的试件成型方法、养护条件及试验方法应符合《混凝土物理力学性能试验方法标准》（GB/T 50081—2019）和《普通混凝土长期性能和耐久性能试验方法标准》（GB/T 50082—2009）的规定，混凝土的强度评定应符合《混凝土强度检验评定标准》（GB/T 50107—2010）的规定，混凝土耐久性能评定应符合《混凝土耐久性检验评定标准》（JGJ/T 193—2009）的规定。

以经济、合理的原则进行混凝土配合比设计，并按普通混凝土拌合物性能试验方法等标准进行试验、试配，以满足混凝土强度、耐久性和和易性的要求。

混凝土配合比设计应符合下列规定：

（1）低坍落度混凝土虽然有利于减少管片成品裂缝的出现，但如果欠振可能出现蜂窝或孔洞等外观质量缺陷。随着混凝土配制技术的发展和聚羧酸系高性能减水剂的使用，在保证混凝土黏聚性和保水性良好的情况下，坍落度可适当放大，但要与工艺要求相适应。经过调研，国内大型的钢筋混凝土管片生产单位综合考虑模具周转要求和经济性，一般将坍落度控制在 120mm 左右。

（2）对混凝土中碱含量和氯离子含量加以限制是保证管片耐久性的有效措施。

混凝土中碱含量和氯离子含量应符合设计要求；当设计无要求时，应符合《混凝土结构设计规范（2015 年版）》（GB 50010—2010）的规定。

（3）混凝土的各项性能应满足设计要求；管片用混凝土最常见的性能要求是强度等级和抗渗等级。但是随着成型隧道功能以及所处环境的不同，也对混凝土的冻融性能、耐久性能和长期性能提出要求。

（4）特种混凝土的配合比设计尚应满足国家现行相关标准的规定。当采用纤维混凝土、自密实混凝土或需要进行预应力施工时，使用的混凝土还需要满足现行相关标准的要求。

混凝土生产与浇筑应符合下列规定：

（1）混凝土浇筑环节直接影响管片成型质量，应留置试件备检。

留置的检验混凝土强度的试件作为验证配合比的依据，如果混凝土采取加热养护，则该试件应与混凝土完成同条件加热养护后再转标准养护至 28d；留置同条件养护试件作为脱模或检查养护效果的依据。

当混凝土生产时，应至少留置 1 组检验强度的试件和 1 组同条件养护试件；检验混凝土其他性能的试件的留置应符合《混凝土结构工程施工质量验收规范》（GB 50204—2015）的规定。

（2）当混凝土浇筑时，不应扰动预埋件。

（3）混凝土浇筑成型后，应在混凝土初凝前再次进行压面。施工经验表明：初凝前压面有利于减少混凝土表面的塑性裂缝。对于完成混凝土浇筑的外弧面，应强调压面密实。

混凝土养护不当易导致混凝土开裂，因此需要对养护环节进行规定。

（1）混凝土养护可采用加热养护或自然养护，但无论哪种养护方式，混凝土浇筑成型后至开模前，均需采取保湿措施以便起到减少表面裂缝的效果。

（2）管片出模后应进行养护。

（3）出模后的管片可采用水中养护、喷淋养护、涂刷养护剂及其他可以达到预期养护效果的方法；在条件允许时，优先采用水中养护。但对于采用潮湿养护特别是水中养护时，要避免管片内部温度与水温存在过大温差而导致混凝土开裂。当采用蒸汽养护时，应经试验确定养护制度，并应监控和记录温度变化。

混凝土冬期施工应符合《建筑工程冬期施工规程》（JGJ/T 104—2011）的规定。在北方冬期生产管片时，骨料中不得含有冰、冻块以及其他易冻裂物质。混凝土浇筑温度不宜低于 10℃。浇筑后应及时覆盖，宜采用适当的措施进行保温和防护。当采用蒸汽养护时，还应避免因管片出模时余汽造成的吊运工况不良进而导致的安全问题。

（1）主控项目检查数量。

混凝土强度等级。对于同一配合比混凝土，取样与试件留置应符合以下规定：每拌制 100 盘不超过 100m³ 时，取样不少于一次；每工班拌制不足 100 盘时，取样不少于一次；连续浇筑超过 1000m³ 时，每 200m³ 取样不得少于一次；每一楼层取样不得少于一次；每次取样应至少留置一组试件。

（2）一般项目检查数量：全数检查。

管片混凝土施工质量标准和检验方法如表 9-4 所示。

表 9-4　　　　　　　　　　管片混凝土施工质量标准和检验方法

类别	序号	验 收 项 目	质 量 标 准	检查方法及器具
主控项目	1	混凝土强度等级	必须符合设计要求和国家现行有关标准的规定	检查施工记录及混凝土强度试验报告

类别	序号	验收项目	质量标准	检查方法及器具
一般项目	1	混凝土生产与运输	首次使用的混凝土配合比应进行开盘鉴定，其工作性应满足设计要求。生产时应至少留置 1 组标准养护试件，作为验证配合比的依据；应按施工配合比投放原材料，计量偏差应符合《混凝土结构工程施工质量验收规范》（GB 50204—2015）的有关规定；每工作班至少测定 1 次砂石含水率，并应根据测定结果及时调整施工配合比；混凝土应搅拌均匀，和易性良好，在搅拌或浇筑现场检测坍落度，并逐盘检查混凝土粘聚性和保水性；混凝土运输、浇筑和间歇的全部时间不应超过混凝土的初凝时间	查施工记录
	2	混凝土浇筑	凝土宜连续浇筑，振捣应密实，不得漏振或过振；浇筑时不得扰动预埋件；混凝土浇筑成型后，在初凝前应再次进行压面；浇筑混凝土时留置的试件应符合《混凝土结构工程施工质量验收规范》（GB 50204—2015）的有关规定	
	3	混凝土养护	混凝土浇筑成型后至开模前，应覆盖保湿；采用蒸汽养护时，应经试验确定养护制度，并监控温度变化做好记录；管片混凝土应进行预养护，升温速度不宜超过 15℃/h，降温速度不宜超过 20℃/h，恒温最高温度不宜超过 60℃。出模后当管片表面温度与环境温差大于 20℃时，管片应在室内车间进行降温，直至管片表面温度与环境温差不大于 20℃；管片在贮存阶段应进行保湿养护，可采用水中养护、喷淋养护或喷涂养护剂养护，以确保混凝土体不失水分	查施工记录

9.6 钢筋混凝土管片

钢筋混凝土管片质量包括结构性能、混凝土强度和抗渗等级、外观质量、几何尺寸和主筋保护层厚度允许偏差，以及水平拼装检验允许偏差等方面。

钢筋混凝土管片质量应符合下列规定：应按设计要求进行成品的结构性能检验，检验结果应符合设计要求。管片的成品检验包括局部承压、抗弯和检漏等任何以单个管片为试验对象进行的所有检验，所有成品的检验均按照设计要求进行。

混凝土强度等级和抗渗等级等性能应符合设计要求。除了强度和抗渗要求外，还可能有抗冻融或防腐蚀等性能方面的要求。

根据生产经验，中心注浆孔预埋件是管片拼装时的主要受力件。因此，应对其进行抗拉拔试验。试验结果应符合设计要求；当设计无要求时，抗拉拔力不应低于管片自重的 7 倍。

钢筋混凝土管片正常生产中，很少出现漏筋、蜂窝、孔洞、疏松或夹杂等质量缺陷，最常见的缺陷有气泡、细小裂缝、局部少量麻面或掉皮、棱角处和预埋件周边少量飞边和缺棱掉角问题。

钢筋混凝土管片外观质量不应有严重缺陷；当出现一般缺陷时，应采取技术措施进行处理，管片外观质量缺陷等级划分应符合相关标准的规定，如表 9-5 所示。通过查询大量地铁、水利、电力和热力等盾构施工的工程设计图纸，均未提及气泡直径和数量要求，仅要求密封槽及平面转角处没有剥落缺损，不合要求应进行修补，故作为一般缺陷。

主筋保护层厚度会影响钢筋混凝土管片的耐久性。因此，有必要将主筋保护层厚度作为管片正常生产时的检测指标之一。

（1）主控项目。

混凝土强度等级和抗渗等级：按《混凝土结构工程施工质量验收规范》（GB 50204—2015）的有关规定。

结构性能（抗弯、抗拔）：根据设计方案确定批量、抽样及复检数量。

抗渗性能：每生产 200 环抽检 1 块，复试 2 块。

外观质量：全数检查。

（2）一般项目。

表 9-5   混凝土管片外观质量缺陷等级

缺 陷	缺 陷 描 述	等 级
露筋	管片内钢筋未被混凝土包裹而外露	严重缺陷
蜂窝	混凝土表面缺少水泥砂浆而形成石子外露	严重缺陷
孔洞	混凝土内出现深度和最大长度均超过保护层厚度的孔穴	严重缺陷
	混凝土内出现少量深度或最大长度未超过保护层厚度的孔穴	一般缺陷
夹渣	混凝土内夹有杂物且深度达到或超过保护层厚度	严重缺陷
	混凝土内夹有少量杂物且深度小于保护层厚度	一般缺陷
疏松	混凝土局部不密实	严重缺陷
裂缝	从管片混凝土表面延伸至内部且超过设计给出的允许宽度或深度的裂缝	严重缺陷
	其他少量不影响管片结构性能或使用性能的裂缝	一般缺陷
预埋部位缺陷	管片预埋件松动	严重缺陷
	预埋部位少量麻面、掉皮或掉角	一般缺陷
外形缺陷	外湖面混凝土破损到密封槽位置	严重缺陷
	存在少量且不影响结性能或使用功能的棱角磕碰、翘曲不平或飞边凸肋等	一般缺陷
外表缺陷	密封槽及平面转角部位的混凝土有剥落缺损	一般缺陷
	其他部位的混凝土表面有少量麻面、掉皮、起砂或少量气泡等	一般缺陷

几何尺寸和主筋保护层厚度：检查数量为每生产 15 环抽检 1 环。

水平拼装检验：每生产 200 环进行 1 次。

混凝土管片外观质量缺陷等级如表 9-5 所示。

钢筋混凝土管片质量标准和检验方法如表 9-6 所示。

表 9-6   钢筋混凝土管片质量标准和检验方法

类别	序号	验 收 项 目	质 量 标 准	检 查 方 法 及 器 具
主控项目	1	混凝土强度等级和抗渗等级	应符合设计要求	检查混凝土试件的强度和抗渗等性能实验报告、管片结构性能检验报告
	2	结构性能（抗弯、抗拔）	应符合设计要求	检查试验报告
	3	抗渗性能	在设计检漏试验压力条件下，恒压 2h，不得出现漏水现象，渗水深度不超过 50mm	检查检漏试验报告
	4	外观质量	管片外观质量不得有严重缺陷，出现一般缺陷时，应采取技术措施进行处理	尺量、观察

续表

类别	序号	验收项目		质量标准	检查方法及器具
一般项目	1	几何尺寸	宽度	±0.5mm	观察
			弧、弦长	±1mm	
			厚度	+3mm/−1mm	
			主筋保护层厚度	设计要求或−3～+5mm	
	2	水平拼装检验	环向缝间隙	1mm	查检测记录
			纵向缝间隙	1.5mm	
			成环后内径	±2mm	
			成环后外径	+6、−2mm	

9.7 管片进场验收

钢筋混凝土管片进场时的混凝土强度、抗渗等级等性能和管片结构性能应符合设计要求。钢筋混凝土管片外观质量不应有严重缺陷。存在一般缺陷的管片数量不得大于同期生产总数的10%；对于一般缺陷，应由生产单位按技术要求处理后重新验收。

（1）主控项目检查数量。

1）混凝土强度、抗渗等级等性能和管片结构性能：符合《混凝土结构工程施工质量验收规范》（GB 50204—2015）的规定或设计要求。

2）外观质量：全数检查。

（2）一般项目检查数量。

1）外观质量：全数检查。

2）几何尺寸和主筋保护层厚度允许偏差：每200环抽查1环。

钢筋混凝土管片进场验收质量标准和检验方法如表9-7所示。

表 9-7 钢筋混凝土管片进场验收质量标准和检验方法

类别	序号	验收项目	质量标准	检查方法及器具
主控项目	1	混凝土强度、抗渗等级等性能和管片结构性能	符合设计要求	检查混凝土试件的强度和抗渗等性能实验报告、管片结构性能检验报告和生产企业出具的合格证
	2	外观质量	不应有严重缺陷	观察或尺量

类别	序号	验收项目		质量标准	检查方法及器具
一般项目	1	外观质量		存在一般缺陷的管片数量不得大于同期生产总数的10%；对于一般缺陷应由生产企业按技术要求处理后重新验收	观察，检查技术方案
	2	几何尺寸	宽度	±0.5mm	尺量
			弧、弦长	±1mm	
			厚度	+3mm/−1mm	
			主筋保护层厚度	设计要求或−3～+5mm	

9.8 管 片 拼 装

9.8.1 一般规定

管片选型和拼装位置是管片拼装过程中的关键技术环节，管片姿态控制和成型管片轴线偏差控制是管片拼装质量控制的重要内容。

管片选型应符合下列规定：应根据设计要求，选择管片类型、排版方法、拼装方式和拼装位置；当在曲线地段或需纠偏时，管片类型和拼装位置的选择应根据隧道设计轴线和上一环管片姿态、盾构姿态、盾尾间隙、推进油缸行程差和铰接油缸行程差等参数综合确定。

管片类型按照材质可分为钢筋混凝土管片、纤维混凝土管片、钢管片、铸铁管片、复合管片等；按照构造可分为平板型、箱型等；按照衬砌环适用线性的组合方式可分为普通环管片、通用环管片；按照有无楔形设计可分为楔形环管片、标准环管片。

通用环管片一般分为梯形（等腰梯形、直角梯形）、平行四边形、六边形。通过有序旋转和组合，可以适用于不同曲率半径的隧道，可用于直线段、左转弯段、右转弯段和竖曲线段等工况。

楔形环管片是具有一定锥度的管片环，主要用于曲线地段和蛇形修正纠偏。楔形量由设计根据管片种类、管片宽度、管片环外径、曲线半径、曲线段楔形管片环使用比例、盾尾间隙和管片制作的方便性等计算确定。

盾构隧道平、竖曲线的线路可以通过以下3种管片衬砌组合来拟合：①标准环＋左转弯环＋右转弯环，国内使用较为普遍；②左转弯环＋右转弯环；③通用环，我国南方地区使用较多，有不断拓宽使用的趋势。

管片拼装方式分为通缝拼装和错缝拼装。通缝拼装能够使衬砌结构获得较好的柔性，在良好地层中，能够充分调动周围土体的抗力，在保证衬砌结构满足使用要求的情况下，使衬砌设计更加经济合理，但在变形量大的软弱土体中或环境条件复杂的特殊地段，采用此种拼装方式衬砌结构容易发生较大变形。错缝拼装能够使衬砌环接缝刚度分布均匀，提高了管片环纵向刚度，减小管片接缝和整体结构的变形，利于防水质量，但截面内力也相应增大。错缝拼装时，管片环、纵缝相交处仅三缝交汇，相对于通缝拼装的环、纵缝十字形相交，在接缝防水上较易处理。因此在防水要求较高（如水域隧道）或软土地区盾构法隧道中，通常采用错缝拼装。

管片应按便于拼装的顺序存放，存放场地基础条件应满足承载力要求。管片在地面上按拼装顺序和管片类型排列堆放。堆放场地基面需进行硬化处理、平整坚实，达到管片堆放荷载的承载力要求，防止发生差异沉降或沉陷，而导致堆放管片倾覆或地面塌陷等事故发生。

拼装前，管片防水密封材料的粘贴效果应验收合格。场内管片吊运下井前，应在地面对防水密封材料粘贴效果进行验收。由施工单位全数检查，监理单位抽查。施工单位检查验收后，填写验收记录，报监理验收。管片在下井前，除粘贴好管片接缝防水密封条外，还需粘贴传力缓冲衬垫，并备齐管片接缝的连接件和配件、防水密封圈等，随管片同时运至拼装作业区。

拼装管片时，拼装机作业范围内严禁站人和穿行。

9.8.2 拼装作业

管片拼装前，应对上一衬砌环面进行清理。拼装区容易积存泥水、杂物，影响管片拼装质量，易引起错台、拼缝不紧密、管片姿态偏差、环缝防水密封垫损坏、拼缝漏水等质量问题。

应控制盾构推进液压缸的压力和行程，并应保持盾构姿态和开挖面稳定。当反复伸缩盾构推进液压缸时，应保持盾构不后退、不变坡、不变向。非拼装原因而需要伸缩液压缸时，临时或长期停机时，均需合理选择与设置有效的液压缸数量、油压，以保持推力和行程，保证盾构姿态稳定。

应根据管片位置和拼装顺序，逐块依次拼装成环。管片拼装应按照拼装位置和拼装顺序，分组有序地回缩单块拼装位置的液压缸，并及时复位。

管片拼装时，先安装拱底落底块管片，作为第一块定位管片，然后自下而上，左右交叉，对称依次拼装标准块和临接块管片，最后纵向插入安装封顶块管片，封顶成环。

管片连接螺栓紧固扭矩应符合设计要求。管片拼装完成，脱出盾尾后，应对管片螺栓及时复紧。螺栓紧固为管片螺栓连接质量控制要点，其紧固扭矩应符合设计要求。每环管片拼装过程中，随管片定位的同时用螺栓连接，并对螺栓进行初紧。待掘进下一环后，管片脱出盾尾，已具备拧紧螺栓的工作面，此时应对该环螺栓进行再次拧紧。后续盾构掘进时，在每环管片拼装之前，对相邻已拼装成环的3环范围内连接螺栓进行全面检查并复紧。

对已拼装成环的衬砌环应进行椭圆度抽查。管片衬砌环椭圆度测量，可以反映衬砌结构收敛变形特征。椭圆度分两个阶段进行测量：第一阶段为管片拼装成环尚未脱出盾尾，即无外荷载作用；第二阶段为管片脱出盾尾承受外荷作用。两阶段椭圆度测量在通视条件下进行。椭圆度抽查频次结合地域特征确定。

当盾构在既有结构内空推并拼装管片时，应合理设置导台，并应采取措施控制管片拼装质量和壁后填充效果。盾构空推时，根据已建结构断面尺寸、隧道线型等条件，合理设计施作底部导台。导台可选用素混凝土、钢筋混凝土、钢结构等结构形式，并在导台基面预埋安装导向轨。导台结构的承载力满足盾构空推施工要求，防止盾构穿越时导台发生变形，对管片结构质量和轴线控制产生影响。盾构空推前进时，应提供充足的顶推反力，以保证管片拼装质量和管片防水效果。管片壁后填充材料和工艺应满足设计要求，达到填充密实、固结及时、强度满足、防水有效的要求，以保证管片结构稳定，受力均匀，防止产生管片变形、错台、偏位、渗漏水等质量问题。

管片上浮、偏移、大范围错台是受工程地质和水文地质条件、盾构掘进控制、管片拼装质量、壁后注浆效果等各种因素综合作用形成的，但管片上浮和偏移的外部条件主要是由盾构与地层间的开挖间隙的存在和地下水产生的整体浮力造成的。在饱和软土地层盾构掘进时，通过同步注浆使用"厚浆"浆液等同步注浆材料，以及采用多次补浆等方法，已使此现象得到了较好控制。而富水硬岩地层，盾构管片上浮、偏移和大范围错台、裂缝的出现，较难控制，成为盾构隧道质量控制的重点。

当在富水稳定岩层掘进时，应采取防止管片上浮、偏移或错台的措施。盾构在富水硬岩地层掘进时，通常采取必要的堵水或排水措施，减小地层水压力对管片稳定性的影响，以及地下水量对壁后浆液的稀释和冲蚀作用，管片壁后注浆选择凝结速度快、后期强度高、遇水不易稀释或离析的浆液材料和工艺方法，以及根据地层条件和监控量测结果，及时进行管片壁后补充注浆。

当在联络通道等特殊位置拼装管片时，应根据特殊管片的设计位置，预先调整盾构姿态和盾尾间隙，管片拼装应符合设计要求。

9.8.3 检查数量

检查数量：全数检查。

管片拼装质量标准和检验方法如表 9-8 所示。

表 9-8 管片拼装质量标准和检验方法

类别	序号	验收项目		质量标准	检查方法及器具
主控项目	1	管片拼装		管片拼装应严格按拼装设计要求进行，不得有内外贯穿裂缝和宽度大于 0.2mm 的裂缝及混凝土剥落现象	尺量、观察
	2	管片防水条质量		管片防水密封质量应符合设计要求，不得缺损，粘接应牢固平整，防水垫圈不得遗漏	观察
	3	螺栓		螺栓质量及拧紧度必须符合设计要求	查检测记录
一般项目	1	管片拼装允许偏差	衬砌环直径(D)椭圆度	5‰D	尺量
			相邻管片的径向错台	5mm	尺量
			相邻管片环向错台	6mm	尺量
	2	隧道轴线和高程允许偏差	隧道轴线平面位置	±50mm	用经纬仪测轴线
			隧道轴线高程	±50mm	用水准仪测高程

第10章
盾构掘进施工质量验收

10.1 一 般 规 定

盾构现场组装完成后应对各系统进行调试并验收。

掘进施工可划分为始发、掘进和接收阶段。盾构始发阶段是指从盾构离开始发基座到盾构掘进、管片拼装、壁后注浆、渣土运输等全工序展开前的施工阶段；盾构接收阶段是指从盾构刀盘进入距离到达洞门或贯通面一倍盾构主机长度范围内到盾构主机完全进入接收基座的施工阶段。施工中，应根据各阶段施工特点及施工安全、工程质量和环保要求等采取针对性施工技术措施。

为了掌握、摸索、了解、验证盾构适应性能及施工规律，在盾构起始段50～200m内进行试掘进（针对超大直径隧道的试掘进为200m）。试掘进应根据试掘进情况调整并确定掘进参数。

掘进施工应控制排土量、盾构姿态和地层变形。掘进过程中应对已成环管片与地层的间隙充填注浆。掘进过程中，盾构与后配套设备、抽排水与通风设备、水平运输与垂直运输设备、泥浆管道输送设备和供电系统等应能正常运转。对于配备测量导向系统的盾构，需保持导向系统正常运转。

掘进过程中遇到下列情况之一时，应及时处理：盾构前方地层发生坍塌或遇有障碍；盾构壳体滚转角达到3°；盾构轴线偏离隧道轴线达到50mm；盾构推力与预计值相差较大；管片严重开裂或严重错台；壁后注浆系统发生故障无法注浆；盾构掘进扭矩发生异常波动；动力系统、密封系统和控制系统等发生故障。当盾构掘进过程中出现以上异常现象时，在确保不出现灾难性后果情况下，谨慎掘进以查明原因，采取针对性处理措施。

当盾构处在小半径曲线等特殊工况时，可能出现盾构偏离轴线大于50mm的现象，需加以重视，并合理控制盾构姿态。

当盾构配备的测量导向系统发生故障时，需及时处理。

在曲线段施工时，应采取措施减小已成环管片竖向位移和横向位移对隧道轴线的影响。

掘进应按设定的掘进参数沿隧道设计轴线进行，并应进行记录。监测土压力值、盾构掘进速度、纵坡、刀盘扭矩与转速、螺旋机扭矩与转速，进土速率以及盾构左右腰对称液压缸伸出长度等是否在优化的施工参数范围内，发现异常情况及时调整。

根据横向、竖向偏差和滚转角偏差，应采取措施调整盾构姿态，并应防止过量纠偏。盾构的内径与管片外径有一定施工间隙，盾构纠偏只能在此范围内调整，过量纠偏会引起盾构壳体卡住管片而导致管片挤压损坏或增加新一环管片拼装的困难。

根据施工经验，盾构纵坡和平面纠偏量最大值可分别按以下公式求得。

盾构纵坡最大纠偏量可按下式计算：

$$i = (i_1 - i_2) \leqslant [i]$$

式中 i——盾构与管片相对坡度；

　　　i_1——盾构掘进后实际纵坡；

　　　i_2——已成隧道管片纵坡；

　　　$[i]$——允许坡度差值。

盾构平面最大纠偏量可按下式计算：

$$\Delta L < S \times \tan\alpha$$

式中 α——盾构与衬砌允许的水平夹角，(°)；

　　　S——两腰对称液压缸的中心距，mm；

　　　ΔL——两腰对称液压缸伸出长度的允许差值，mm。

要控制一次最大纠偏值在允许范围之内。纠偏可采用盾构铰接系统实施，纠偏量按盾构机设计要求。盾构滚转角纠偏一般不大于3°。

盾构纠偏要做到及时、连续、限量，过量纠偏会使盾构与隧道的轴线产生较大的夹角，影响盾尾密封效果；同时过量纠偏也会增加盾构对地层的扰动。

当盾构因故停止掘进时，根据停止时间长短、开挖面地层、隧道埋深、地表变形等条件，对开挖面进行保压或加固，对盾尾与管片间的空隙进行嵌缝密封处理。可在盾构支承环环面与已拼装的管片环面间加设支撑，防止盾构后退。当停止掘进时，应采取措施稳定开挖面。对于泥水平衡盾构还应关闭泥浆管阀门，保持压力以稳定开挖面，必要时对泥水仓进行补液。

10.2　盾构组装与调试

盾构组装前应根据盾构部件情况和场地条件，组装前制定组装方案，需确定盾构始发和设备吊运方式。盾构始发包含盾构本体和后配套设备两部分，一般可分为整体始发和分体始发；设备吊运方式应针对盾构部件的分解形式确定。大件吊装作业由具有资质的专业队伍负责。

根据部件尺寸和重量选择组装设备，并核实起吊位置的地基承载力，确保地基承载力满足起吊要求。地基承载力不满足要求时，可对承载土体实施加固或加铺钢板等措施。

盾构组装应按作业安全操作规程和组装方案进行。盾构组装时需注意下列内容：结构件、动力线的连接螺栓需按紧固扭矩的要求拧紧；连接销安装到位并紧固；液压管线保持清洁；电线、电缆连接牢固。

现场应配备消防设备，明火、电焊作业时，必须有专人负责。

盾构是集机、电、液、控为一体的、复杂的大型设备，包含了多个不同功能系统，若在掘进中发生问题，处理十分困难且易导致地层坍塌。因此，在现场组装后，应首先对各个系统进行空载调试，使其满足设计功能要求。然后必须进行整机联动调试，使盾构整机处于正常状态，以确保盾构始发掘进的顺利进行。调试通电前检测核查高压电缆及变压器要求。低压送电符合《施工现场临时用电安全技术规范（附条文说明）》(JGJ 46—2005) 的规定。

10.3　盾构现场验收

盾构现场验收应满足盾构设计的主要功能及工程使用要求，盾构验收项目可按设计功能、参数、图纸和说明书的内容进行补充，并符合相关技术要求。

验收项目应包括下列内容：

（1）盾构壳体。盾构壳体的外径和长度符合设计要求，盾壳表面平整。在盾构掘进液压缸活动范围内，盾尾内表面平整，无突出焊缝，盾尾椭圆度在允许的范围内。

（2）刀盘。刀盘连接用的高强度螺栓按盾构制造厂家的设计要求配置，使用扭力扳手检查达到设计扭矩值，采用焊接形式时符合设计要求。刀盘空载运行各挡正向、反向各 15min，各减速机及传运部分无异常响声。集中润滑系统进行流量和压力测试，各润滑部件受油情况达到设计要求。刀具装配牢固，不得出现松动，刀具硬质合金焊接可靠坚固，且不得有裂纹。

（3）管片拼装机。拼装机空载测试时，各部件的行程、回转角度、提升距离、平移距离、调节距离符合设计要求，各系统的工作压力满足设计要求；负载测试时，拼装机做回转、平移、提升、调节等动作运行平稳，回转运动停止可靠，各滚轮、挡轮安装定位准确、安全可靠，各系统的工作压力正常。

（4）螺旋输送机（土压平衡盾构）。螺旋输送机在掘进过程中进行验收，驱动部分负载运转平稳，不应有卡死或异常响声，液压工作压力小于设计值。手动调节比例阀时，螺旋输送机的转速有相应变化。螺旋输送机伸缩液压缸、前后仓门的相关传感器灵敏度符合设计要求。

（5）皮带输送机（土压平衡盾构）。皮带输送机空载测试时，不应有皮带跑偏现象。负载测试时，运转平稳，无振动和异常响声，全部托辊和滚筒均运转灵活。

（6）泥水输送系统（泥水平衡盾构）。泥水输送系统的各泵压力、流量符合设计要求，电气系统操作灵敏、可靠、安全。

（7）泥水处理系统（泥水平衡盾构）。根据地质情况设计泥水处理系统，处理能力满足盾构掘进要求，分离效果应环保节能。

（8）同步注浆系统。同步注浆系统的搅拌机安装完毕，管路布置合理。

（9）集中润滑系统。集中润滑系统的管路布置合理，润滑部位无油脂溢出，循环开关动作次数达到设计值。

（10）液压系统。液压系统的管路配管布置合理，泵组工作声音正常，无异常振动；各系统的调定压力符合设计要求，空载压力正常；系统工作的泄油压力正常；各传感器、压力开关、压力表等工作正常；系统经耐压试验，无泄漏；系统处于工作状态时，油箱温度正常。

（11）铰接装置。铰接液压缸的配管线路、阀组等布置合理，状态良好，伸缩动作状况、动作控制和行程良好，工作压力符合设计要求；密封装置集中润滑工作正常，密封圈充满油脂。

（12）电气系统。电气系统通电前验收内容包括：①电器型号、规格符合设计要求；②高、低压箱柜等符合要求；③电器安装牢固、平正；④电器接地符合设计要求；⑤电器和电缆绝缘电阻符合安全标准。通电后验收内容包括：①操作动作宜灵活、可靠；②电磁器件无异常噪声；③线圈及接线端子温度不超过规定值。

（13）渣土改良系统。渣土改良系统的泡沫泵性能符合设计要求，运转状况正常，积压式输送泵能力符合设计要求，管路布置连接正确。

（14）盾尾密封系统。盾尾密封系统的密封刷安装质量和密封油脂注入泵性能符合设计要求，运转正常。当盾构各系统验收合格并确认正常运转后，方可开始掘进施工。盾构验收在试掘进后进行。根据盾构实际运转状况、掘进状况对照约定的验收考核内容及指标，由盾构设计、制造和使用方共同进行评估，达到设计制造和约定的技术要求后，履行验收手续，完成盾构验收。

10.4 盾 构 始 发

盾构掘进前如需破除洞门，应在节点验收后进行。

盾构始发前，进行始发条件验收，满足验收条件后方可实施盾构始发。始发条件验收包含但不限于施工方案、应急预案、监测措施、人机料筹备、技术交底等项目。始发掘进前，应对洞门外经改良后的土体进行质量检查，合格后方可始发掘进；应制定洞门围护结构破除方案，并应采取密封措施保证始发安全。土体改良的质量检查是对改良效果进行检验，内容包括土体改良范围、止水效果和强度，土体强度和止水效果达到设计要求，防止地层发生坍塌或涌水。改良范围考虑始发洞门封堵安全。对于无需改良的地层，也应进行检验。

始发掘进前，反力架应进行安全验算。如发现问题应采取补强措施。

始发掘进时，应对盾构姿态进行复核。盾构姿态复核前，预先复核工作井尺寸、洞门圈尺寸坐标、基座和反力架等部件尺寸。

稳定盾构姿态和负环管片定位正确，是为了确保盾构始发进入地层沿设计的轴线掘进。管片环面与隧道轴线应根据隧道轴线线型和管片形式综合分析确定，但管片环面必须平整。当负环管片定位时，管片环面应与隧道轴线相适应。拆除前，应验算成型隧道管片与地层间的摩擦力，并应满足盾构掘进反力的要求。当盾构进入软土时，盾构可能下沉，水平标高可按预计下沉量抬高。

当工作井内场地受限时，可选择分体始发方式，将盾构后配套设备放置地面，通过接长管线来使盾构掘进，此阶段尚不能形成正常的施工掘进、管片拼装、壁后注浆、出土运输等。因此，应随盾构掘进适时延长并保护好管线，及时跟进后配套设备，并尽快形成正常掘进全工序施工作业流程，包括确定管片拼装、壁后注浆、出土和材料运输等作业方式。

盾尾密封刷进入洞门结构后，应进行洞门圈间隙的封堵和填充注浆。注浆完成后方可掘进。洞门圈间隙封堵和注浆时，应重视对盾尾密封刷的保护。

当盾构始发掘进时，根据控制地表变形和环保要求，沿隧道轴线和与轴线垂直的横断面，布设地表变形量测点，施工时跟踪监测地表的沉降、隆起变形，并分析调整盾构掘进推力、掘进速度、盾构正面土压力及壁后注浆量和压力等掘进参数，为盾构后续掘进阶段取得优化的施工参数和施工操作经验。

10.5 泥水平衡盾构掘进

泥浆压力与开挖面的水土压力应保持平衡，排出渣土量与开挖渣土量应保持平衡，并应根据掘进状况进行调整和控制。

应根据工程地质条件，经试验确定泥浆参数，应对泥浆性能进行检测，并实施泥浆动态管理。泥浆管理主要包括泥浆制作、泥浆性能检测，进排泥浆压力、排渣量的计算与控制，泥浆分离等。

根据开挖面地层特性合理确定泥浆参数，宜进行泥浆配合比试验。泥浆性能包括物理稳定性、化学稳定性、相对密度、黏度、含砂率、pH 值等。为了控制泥浆特性，特别是在选定配合比和新浆调制期间，对上列泥浆性能进行测试。在盾构掘进中，泥浆检测的主要项目是相对密度、黏度和含砂率。

根据地层条件的变化以及泥水分离效果，需要对循环泥浆质量进行调整，使其保持在最佳状态。调整方法主要采用向泥水中添加分散剂、增黏剂、黏土颗粒等添加剂进行调整，必要时须舍弃劣质泥浆，制作新浆。

应根据隧道工程地质与水文地质条件、隧道埋深、线路平面与坡度、地表环境、施工监测结果、盾构姿态和盾构始发掘进阶段的经验，设定盾构刀盘转速、掘进速度、泥水仓压力和送排泥水流量等掘进参数。

泥水平衡盾构掘进施工的特征是循环泥浆，用泥浆维持开挖面的稳定，又将开挖渣土与泥浆混合用管道输送出地面。要根据开挖面地层条件，地下水状态、隧道埋深条件等对排土量、泥浆质量、进排泥浆流量、排浆流速进行设定和管理。

泥浆压力的设定与管理：根据开挖面地层条件与土水压力合理地设定泥浆压力。如果泥浆压力不足，可能发生开挖面的坍塌；泥浆压力过大，又可能出现泥浆喷涌。保持泥浆压力在设定的范围内，一般压力波动允许范围为±0.02MPa。

排土量的设定与管理：为了保持开挖面稳定和顺利地进行掘进开挖，排土量的设定原则是使排土与开挖的土量相平衡。理论开挖土量可用掘进距离与开挖面面积乘积得出；实际开挖量为排浆量与进浆量的差值。排土量可用在盾构配备的流量计和密度计进行检测，通过采集数据进行计算，即排浆流量与相对密度的乘积减去进浆流量与相对密度的乘积。泥水平衡主要是流量平衡和质量平衡。

通过计算求出偏差，以检查开挖面状态，也可据此推断开挖面的地层变化。

泥水管路延伸和更换，应在泥水管路完全卸压后进行。

泥水分离设备应满足地层粒径分离要求，处理能力应满足最大排渣量的要求，渣土的存放和运输应符合环境保护要求。当掘进过程遇有大粒径石块进入泥水仓内，将其破碎或处理，防止其堵塞管道。

10.6 盾构姿态控制

控制盾构姿态是为实现对管片拼装允许偏差的控制要求。应通过调整盾构掘进液压缸和铰接液压缸的行程差控制盾构姿态。当地铁隧道平面曲线半径小于等于350m、其他隧道小于等于40D（D为盾构外径）时，盾构宜配备铰接系统和超挖刀系统。

应对盾构姿态及管片状态进行测量和复核，并记录。

纠偏时应控制单次纠偏量，应逐环和小量纠偏，不得过量纠偏。当偏差过大时，在较长距离内分次限量逐步纠偏。纠偏时需防止损坏已拼装的管片和防止盾尾漏浆。

盾构掘进施工中，经常测量和复核隧道轴线、管片状态及盾构姿态，发现偏差应及时纠正。应采用调整盾构姿态的方法来纠偏，纠正横向偏差和竖向偏差时，采取分区控制盾构掘进液压缸的方法进行纠偏；纠正滚动偏差时采用改变刀盘旋转方向、施加反向旋转力矩的方法进行纠偏；曲线段纠偏时可采取使用盾构超挖刀适当超挖增大建筑间隙的办法来纠偏。

10.7 开 仓 作 业

宜预先确定开仓作业的地点和方法，并应进行相关准备工作。开仓作业地点宜选择在工作井、地层较稳定或地面环境保护要求低的地段。开仓作业前，应对开挖面稳定性进行判定。开仓作业选择在地层较稳定地段时，也需判定开挖面稳定情况，应重视地下水的不利影响，并采取措施加以控制。

当在不稳定地层开仓作业时，应采取地层加固或压气法等措施，确保开挖面稳定。由于开仓作业复杂而且时间比较长，容易造成盾构整体下沉、地层变形、地表沉降、损坏地表和地下建（构）筑物等。因此，需采取地层加固措施，保持开挖面稳定。

气压作业前，应完成下列准备工作：应对带压开仓作业设备进行全面检查和试运行，气压作业前确保作业设备运行正常、作业时不间断供气，并制定专项方案和操作规定。应配置备用电源和气源，保证不间断供气，气压作业需配备备用发电机和备用空气压缩机，并可实现与供电系统、既有供气系统的快速切换，以保持电源和气源的持续供应；应制定专项方案与安全操作规定。

气压作业前，开挖仓内气压必须通过计算和试验确定。盾构掘进施工过程中，由于地质条件的复杂性和不可预见性，通常需要专业技术人员进入盾构开挖仓进行刀具等设备检查、更换作业。开仓作业包括常压作业和气压作业。对于气压作业，开挖仓内气压与开挖工作面土侧压力相适应，以保证开挖面稳定和防止地下水渗漏。因此需要通过理论计算和保压试验确定合理气压值。对于泥水平衡盾构，采用优质泥浆置换开挖仓泥浆，在高于掘进时开挖仓泥水压力下制造泥膜，根据泥水、气体逸散速率判断泥膜保压性能，必要时采用浆气多次置换保障泥膜的厚度和强度，若供气量小于供气能力的 10%时，开挖仓气压能在 2h 内无变化或不发生大的波动时，表明保压试验合格。在气压开仓过程中，若供气量大于供气能力的 50%，则应停止气压作业并重新采用浆气置换修补泥膜至保压试验合格。

气压作业应符合下列规定：

为了保证开挖仓内气压不会随作业时间而降低，造成失稳，刀盘前方的地层、开挖仓、地层与盾构壳体间应满足气密性要求。

应按施工专项方案和安全操作规定作业；气压作业顺序一般为先除去土仓中的泥水、渣土，必要时支护正面土体和处理地下水，然后人员进入仓内进行作业。

应由专业技术人员对开挖面稳定状态和刀盘、刀具磨损状况进行检查；刀具检查时，需清除刀头上黏附的砂土，确认需更换的道具。

保持开挖面和开挖仓空气新鲜是保证进仓人员安全的重要条件。作业期间应保持开挖面和开挖仓通风换气，通风换气应减小气压波动范围。

由带高压氧舱科室的医院对进仓作业人员进行身体适应状况检查，体检合格后方可进仓施工。带压进仓作业时间，当压力不大于 0.36MPa 时，应按《盾构法开仓及气压作业技术规范》（CJJ 217—2014）的有关规定执行；当压力大于 0.36MPa 时，应按《空气潜水减压技术要求》（GB/T 12521—2008）的有关规定执行。

开仓作业应进行记录。记录内容包括仓内情况、设备状况、刀具编号、原刀具类型、刀具磨损量、刀具运行时间、更换原因、更换刀具类型、位置、数量、更换时间和作业人员等。

10.8 盾 构 接 收

盾构接收可分为常规接收、钢套筒接收和水（土）中接收。

常规接收是指盾构正常进入接收工作井的施工工艺。

钢套筒接收是指在接收井内安装钢套装置，接收时盾构整体进入钢套筒的施工工艺。钢套筒装置是具有一定密封性能的圆筒形钢结构，其长度尺寸大于盾构机本体，内径尺寸大于盾构机本体外径。钢套筒装置的强度和防水要求达到接收位置的水土压力。

水（土）中接收是在接收井内回填水（土），接收时盾构进入回填水（土）的施工工艺。一般情况下，为减少回填水（土）的工作量，需建立封闭空间，空间应满足盾构机及封堵洞圈的作业尺寸。封堵墙应专项设计，且满足抵抗隧道埋深的水土压力和抗渗的性能要求。水（土）中接收需计算盾构和隧道的抗浮安全系数，必要时可采取增加盾构上方填土厚度、盾构内压重等措施，同时加强盾构姿态的测量工作。

盾构接收前，需进行接收条件验收，满足验收条件后方可实施盾构接收。接收条件验收应包含但不限于施工方案、应急预案、监测措施、人机料筹备、技术交底等项目。并对洞口段土体进行质量检查，合格后方可接收掘进。

为了达到隧道贯通误差的要求和使盾构准确进入工作井已设置的洞门位置，在盾构到达前 100m，对盾构姿态轴线进行复测与调整。

为防止由于盾构推力过大以及盾构开挖面前方土体挤压而损坏工作井洞口门结构，当开挖面离洞门 10m 起保证出土量，开挖面离洞门结构 30~50cm 时盾构停止掘进，并使开挖仓压力降到最低值，以确保洞门破除施工安全。

当盾构到达接收工作井时，应使管片环缝挤压密实。

盾构接收时，由于盾构开挖仓压力降低，管片间压紧力也相应减小，因此需采取措施使环缝挤压密实，一般采用隧道纵向拉紧装置，确保密封防水效果。

盾构主机进入接收工作井后，应及时密封管片环与洞门间隙。

10.9 盾 构 解 体

盾构解体前，应制定解体方案，并应准备解体使用的吊装设备、工具和材料等。

盾构解体前，应对各部件进行检查，并应对流体系统和电气系统进行标识。

第11章

盾构隧道注浆、 防水工程和成型隧道质量验收

11.1 壁 后 注 浆

应根据工程地质条件、地表沉降状态、环境要求及设备性能等选择注浆方式。壁后注浆分为同步注浆、即时注浆和二次注浆。同步注浆和即时注浆与盾构掘进同步进行，二次注浆根据隧道稳定状态和环境保护要求进行。

同步注浆是在盾构掘进的同时通过盾构注浆管和管片的注浆孔进行壁后注浆的方法；即时注浆是在掘进后迅速进行壁后注浆的方法；二次注浆是对壁后注浆的补充，其目的是填充注浆后的未填充部分，补充注浆材料收缩体积减小部分，处理渗漏水和处理由隧道变形引起的管片、注浆材料、地层之间产生剥离，通过填充注浆使其形成整体，提高止水效果等。注浆方法、工艺和单、双液材料等应根据地层性质、地面荷载、允许变形速率和变形值、盾构掘进参数等进行合理选定。

管片与地层间隙应填充密实。管片注浆工程为永久工程的一部分，管片与地层间隙填充密实。可采用地质雷达扫描或打开管片注浆孔进行放水试验等对填充质量进行检测。

壁后注浆过程中，应采取减少注浆施工对周围环境影响的措施。根据地质条件、水土压力、上覆土厚度、注浆压力分布等严格控制壁后注浆压力、注浆量，选择合适的注浆材料，避免注浆量和注浆压力选择不当引起地层劈裂、地层变形、隧道上浮以及注浆材料对环境的污染。

11.1.1 注浆材料与参数

注浆材料的选用按地质条件及环保要求并经试验合理选定，可选用单液或双液注浆材料。

注浆材料的强度、流动性、可填充性、凝结时间、收缩率和环保等应满足施工要求。浆液一般要求如下：注浆作业全过程浆液不易产生离析；具有较好的流动性，易于注浆施工；压注后浆液固化收缩率小；有较好的不透水性能；使用前进行材料试验，符合要求后方可正式用于工程。

注浆压力应根据地质条件、注浆方式、管片强度、设备性能、浆液特性和隧道埋深等因素确定。注浆压力过大会导致浆液溢出地面或造成地表隆起，应力过小会降低注浆作用。注浆出口压力稍大于注浆出口处的静止水土压力，注浆压力一般大于出口压力 0.1～0.3MPa。

注浆量和注浆压力是同步注浆的两个重要的控制参数，注浆过程中密切关注注浆量和注浆压力的变化，控制同步注浆过程，注浆速度应根据注浆量和掘进速度确定。注浆量充填系数应根据地层条件、施工状态和环境要求确定，注浆量宜按下式计算：

$$Q = \lambda \times \Pi (D^2 - d^2) L / 4$$

式中　Q——注浆量，m^3；

　　　λ——充填系数，根据地质情况，施工情况和环境要求确定；

　　　D——盾构切削外径，m；

　　　d——预制管片外径，m；

　　　L——每次充填长度，m。

在施工中注浆量根据注浆效果做调整，注浆量与盾构掘进时扰动土层范围有关系，扰动范围是变量，一般情况下充填系数取 1.30～1.80；在裂隙比较发育或地下水量大的岩层地段，充填系数一般取 1.50～2.50。

二次注浆的注浆量和注浆压力应根据环境条件和沉降监测结果等确定。

11.1.2　注浆作业

注浆前，应根据注浆施工要求准备拌浆、储浆、运浆和注浆设备，并应进行检查与试运转。注浆设备包括注浆泵、软管、管接头、阀门控制系统等。选用的设备需保证浆液流动畅通，接点连接牢固，防止漏浆。拌浆设备宜采用强制式搅拌机，其容量要与施工用浆量相适应。拌浆站应配有浆液质量测定的稠度仪，随时测定浆液流动性能。

浆液应按设计施工配合比拌制；浆液的相对密度、稠度、和易性、杂物最大粒径、凝结时间、凝结后强度和浆体固化收缩率均应满足工程要求；拌制后浆液应易于压注，在运输过程中不得离析和沉淀。

合理制定壁后注浆的工艺，并应根据注浆效果调整注浆参数。

宜配备对注浆量、注浆压力和注浆时间等参数进行自动记录的仪器。

同步注浆、即时注浆和二次注浆过程应连续进行，防止浆液凝结，堵塞管路。注浆孔注浆宜从隧道两腰开始，注完底部再注顶部，当有条件时也可多点同时进行。

注浆结束后在一定压力下关闭浆液分配系统，同时打开回路管，停止注浆。注浆管路内压力降至零后拆下管路进行清洗。

11.1.3　检查项目

主控项目：注浆使用的原材料、浆液配合比、注浆压力和注浆量应符合设计文件要求。

检查数量：全数检查。

检查方法：检查材料质量证明文件、配合比报告、施工记录。

一般项目：壁后注浆质量：应保证管片背后充填密实。

检查数量：每 10 环检查 1 环。

检查方法：检查注浆记录，或采用地质雷达法等无损检测方法，或打开管片注浆孔人工探察。

11.2　盾构隧道防水

11.2.1　盾构隧道防水措施

盾构隧道主要渗漏水通道是管片和管片环接缝。隧道防水包括管片自防水、管片接缝防水和特殊部位防水。管片接缝防水一般采用防水密封条（止水带），通过螺栓和拼装管片成环后盾构千斤顶反力（压力、顶力）挤压密贴达到防水目的。管片拼装成环后，应检查接缝是否密贴和有无渗水，并采取再次紧固螺栓方法处理。对于严重渗漏处可采用二次补强注浆的方法处理。对壁后注浆孔一般采用有密封垫圈的注浆孔塞防水。对隧道沉降缝等特殊部位的防水按设计要求进行。

针对不同防水等级的盾构隧道衬砌，确定相应的防水措施，按表 11-1 选用。当隧道处于侵蚀性介质的地层时，应采用相应的耐侵蚀混凝土或耐侵蚀的防水涂层。采用外防水涂料时，应按表 11-1 规定采取"应选"或"宜选"。

表 11-1 　　　　　　　　　　　盾构隧道衬砌防水措施

防水措施		高精度管片	接缝防水				混凝土内衬或其他内衬	外防水涂料
			密封垫	嵌缝材料	密封剂	螺孔密封圈		
防水等级	一级	必选	必选	全隧道或部分区段应选	可选	必选	宜选	对混凝土有中等以上腐蚀的地段；再非腐蚀地层宜选
	二级	必选	必选	部分区段宜选	可选	必选	局部宜选	对混凝土有中等以上腐蚀的地段
	三级	必选	必选	部分区段宜选	—	应选		对混凝土有中等以上腐蚀的地段
	四级	可选	宜选	可选				

盾构法综合管廊管片与后浇混凝土之间的施工缝部位应采用遇水膨胀止水橡胶和预埋注浆管综合处理，后浇混凝土应采用防水混凝土。

盾构工作井与综合管廊主体隧道接缝宜设置遇水膨胀类止水材料及预埋注浆管，并宜加固盾构工作井洞圈周围土体。地层距盾构工作井一定范围内的衬砌段宜增设变形缝。变形缝环面应设置垫片，同时应加贴遇水膨胀橡胶薄片于弹性橡胶密封垫表面。

11.2.2　管片自防水

钢筋混凝土管片的质量应符合下列规定：管片混凝土抗压强度和抗渗性能以及混凝土氯离子扩散系数均应符合设计要求；管片不应有露筋、孔洞、疏松、夹渣、有害裂缝、缺棱掉角、飞边等缺陷；单块管片制作尺寸允许偏差应符合表 11-2 的规定。

表 11-2 　　　　　　　　　　　　单块管片制作尺寸允许偏差

项　　目	允许偏差（mm）
宽度	±1
弧长、弦长	±1
厚度	+3、−1

管片外观质量不允许有严重缺陷，存在一般缺陷的管片应由生产厂家按技术规定处理后重新验收。当管片表面出现缺棱掉角、混凝土剥落、大于 0.2mm 宽的裂缝或贯穿性裂缝等缺陷时，必须进行修补。管片的修补材料规定采用与管片混凝土同等以上强度的砂浆或特种混凝土，可保证衬砌管片的整体强度统一，对结构受力有益。

钢筋混凝土管片抗压和抗渗试件制作应符合下列规定：直径 8m 以下隧道，同一配合比按每生产 10 环制作抗压试件一组，每生产 30 环制作抗渗试件一组；直径 8m 以上隧道，同一配合比按每工作台班制作抗压试件一组，每生产 10 环制作抗渗试件一组。

钢筋混凝土管片的单块抗渗检漏应符合下列规定：

检验数量：管片每生产 100 环应抽查 1 块管片进行检漏测试，连续 3 次达到检漏标准，则改为每生产 200 环抽查 1 块管片，再连续 3 次达到检漏标准，按最终检测频率为 400 环抽查 1 块管片进行检漏测试。如出现一次不达标，则恢复每 100 环抽查 1 块管片的最初检漏频率，再按上述要求进行抽检。当检漏频率为每 100 环抽查 1 块时，如出现不达标，则双倍复检，如再出现不达标，必须逐块检漏。

检漏标准：管片外表在 0.8MPa 水压力下，恒压 3h，渗水进入管片外背高度不超过 50mm 为合格。

11.2.3 接缝防水

防水材料应按设计要求选择，施工前应分批进行抽检。

盾构隧道渗漏水以管片接缝渗水为主，堵漏方案、材料和施工等可参考《地下工程防水技术规范》（GB 50108—2008）的相关规定。

钢筋混凝土管片接缝防水，主要依靠防水密封垫。同时，管片拼装前应逐块对粘贴的密封垫进行检查，在管片吊装的过程中要采取措施，防止损坏密封垫。针对采用遇水膨胀橡胶作为防水密封垫的主要材质或遇水膨胀橡胶为主的复合密封垫时，为防止其在管片拼装前预先膨胀，应采取延缓膨胀的措施。

盾构隧道衬砌的管片密封垫防水应符合下列规定：管片应至少设置一道密封垫沟槽。接缝密封垫宜选择具有合理的构造形式、良好弹性或遇水膨胀性、耐久性的橡胶类材料，其外形应与沟槽相匹配。密封垫沟槽表面应干燥、无灰尘，雨天不得进行密封垫粘贴施工；密封垫应与沟槽紧密贴合，不得有起鼓、超长和缺口现象；密封垫粘贴完毕并达到规定强度后，方可进行管片拼装；采用遇水膨胀橡胶密封垫时，非粘贴面应涂刷缓膨胀剂或采取符合缓膨胀的措施。

管片接缝密封垫应完全压入密封垫沟槽内，密封垫沟槽的截面面积应大于或等于密封垫的截面积。接缝密封垫应满足在计算的接缝最大张开量和估算的错位量及埋深水头的 2～3 倍水压力不渗漏的技术要求。

防水密封条粘贴应符合下列规定：应按管片型号选用；变形缝、柔性接头等接缝防水的处理应符合设计要求；密封条在密封槽内应套箍和粘贴牢固，不得有起鼓、超长或缺口现象，且不得歪斜、扭曲。

管片接缝防水除粘贴密封垫外，还应进行嵌缝防水处理，为防止嵌缝后产生错裂现象，规定嵌缝应在隧道结构基本稳定后进行。另外，由于湿固化嵌缝材料的应用，嵌缝前基面只要求达到无明显渗水即可。盾构隧道衬砌的管片嵌缝材料防水应符合下列规定：①根据盾构施工方法和隧道的稳定性，确定嵌缝作业开始的时间；②嵌缝槽如有缺损，应采用与管片混凝土强度等级相同的聚合物水泥砂浆修补；③嵌缝槽表面应坚实、平整、洁净、干燥；④嵌缝作业应在无明显渗水后进行；⑤嵌填材料施工时，应先刷涂基层处理剂，嵌填应密实、平整。

鉴于目前管片嵌缝槽的断面构造形式已趋于集中，并对槽的深、宽尺寸及其关系加以定量的规定。管片嵌缝槽与地面建筑、道路工程变形缝嵌缝槽不同，因嵌缝材料在背水面防水，故嵌缝槽槽深应大于槽宽；由于盾构隧道衬砌承受水压较大，相对变形较小，因而嵌缝材料应采用中、高弹性模量类的防水密封材料，有时可采用特殊外形的预制密封件为主、辅以柔性密封材料或扩张型材料构成复合密封件。

密封剂主要为不易流失的掺有填料的黏稠注浆材料以减少流失。同时，为了发挥浆液的堵漏止水功效，应对浆液的注入范围采取限制措施。盾构隧道衬砌的管片密封剂防水应符合下列规定：①接缝管片渗漏时，应采用密封剂堵漏；②密封剂注入口应无缺损，注入通道应通畅；③密封剂材料注入施工前，应采取控制注入范围的措施。

11.2.4　特殊部位防水

螺孔为管片接缝的另一渗漏途径，同样应提出防水措施。盾构隧道衬砌的管片螺孔密封圈防水应符合下列规定：螺栓拧紧前，应确保螺栓孔密封圈定位准确，并与螺栓孔沟槽相贴合；螺栓孔渗漏时，应采取封堵措施；不得使用已破损或提前膨胀的密封圈。

钢筋混凝土管片拼装成环时，其连接螺栓应先逐片初步拧紧，脱出盾尾后再次拧紧。当后续盾构掘进至每环管片拼装之前，应对相邻已成环的 3 环范围内管片螺栓进行全面检查并复紧。

管片拼装后，应填写"盾构管片拼装记录"，并按管片的环向及纵向螺栓应全部穿进并拧紧的规定进行检验。

当采用注浆孔注浆时，注浆后应对注浆孔进行密封防水处理。

注浆孔及螺栓孔处密封圈应定位准确，并应与密封槽相贴合。

隧道与工作井、联络通道等附属构筑物的接缝处，应按设计要求进行防水处理。

11.2.5　防水质量标准和检验方法

盾构隧道分项工程检验批的抽样检验数量，应按每连续 5 环抽查 1 环，且不得少于 3 环。

盾构隧道防水质量标准和检验方法如表 11-3 所示。

表 11-3　　　　　　　　　　　　　**盾构隧道防水质量标准和检验方法**

类别	序号	验收项目	质量标准	检查方法及器具
主控项目	1	防水材料	必须符合设计要求	检查产品合格证、产品性能检测报告和材料进场检验报告
	2	管片抗压强度和抗渗性能	必须符合设计要求	检查混凝土抗压强度、抗渗性能检验报告和单块捡漏测试报告
	3	衬砌渗漏水量	必须符合设计要求	观察检查和检查渗漏水记录
一般项目	1	管片接缝密封垫及其沟槽的断面尺寸	应符合设计要求	观察检查和检查隐蔽工程验收记录
	2	沟槽内密封垫	应套箍和黏结牢固，不得歪斜、扭曲	观察检查
	3	管片嵌缝槽的深宽比及断面构造形式、尺寸	应符合设计要求	观察检查
	4	嵌缝材料嵌填	应密实、连续、饱满，表面平整，密贴牢固	观察检查
	5	管片的环向及纵向螺栓	应全部拧紧	观察检查
	6	内表面外露铁件	应符合设计要求	观察检查

盾构隧道衬砌渗漏水检验如表 11-4 所示。

表 11-4　　　　　　　　　　　　　**盾构隧道衬砌渗漏水检验**

序号	检验项目			规定	检验数量		检验方法
					范围	点数	
1	整条隧道	隧道渗漏	隧道渗漏量	符合设计要求	整条隧道任意 100m²	1～2 次	尺量、设临时围堰储水检测
			局部湿迹与渗漏量			2～4 次	
2	管片混凝土	直径 8m 以下隧道	强度等级	符合设计要求	每 10 环	制作抗压试件一组	检查试验报告、质量评定记录
		直径 8m 以上隧道			每 5 环	制作抗压试件一组	
3		直径 8m 以下隧道	抗渗等级		每 30 环	制作抗渗试件一组	
		直径 8m 以上隧道			每 10 环	制作抗渗试件一组	
4		外层防水涂层性能指标			整条隧道	1 次	

续表

序号	检验项目			规定	检验数量		检验方法	
					范围	点数		
5	管片接缝	直径8m以下隧道	密封垫	符合设计要求	常规指标每400~500环	1次	检查产品合格证、质保单及抽样检验报告	若设计要求整环或局部嵌缝，则嵌缝材料的检查频率与方法同管片接缝其他防水材料
					全性能检测整条隧道	1~2次		
		直径8m以上隧道			常规指标每200~250环	1次		
					全性能检测整条隧道	2~3次		
6	隧道与井接头、隧道与连接通道接头	密封材料		符合设计要求	隧道与井、隧道与连接通道各一组接头	1次	检查产品合格证、质保单及抽样检验报告	
7	连接通道	防水混凝土、塑料防水板等外防水材料或聚合物水泥防水砂浆等内防水材料		符合设计要求	每个连接通道	1次	检查产品合格证、质保单及抽样检验报告	

11.3　成型隧道验收

（1）主控项目检查数量。

1）结构表面：全数检查；结构表面应无贯穿性裂缝、无缺棱掉角，管片接缝应符合设计要求。

2）隧道防水：逐环检查。

3）衬砌结构：每5环检查1次。

4）隧道轴线位置和高程偏差：每10环检查1次。

（2）一般项目检查数量：全数检查。

成型隧道验收质量标准和检验方法如表11-5所示。

表 11-5　　　　　　　　　成型隧道验收质量标准和检验方法

类别	序号	验收项目	质量标准	检查方法及器具
主控项目	1	结构表面	应无裂缝、无缺棱掉角、管片接缝应符合设计要求	观察检验，查施工日志

续表

类别	序号	验 收 项 目		质 量 标 准	检查方法及器具
主控项目	2	隧道防水		应符合设计要求	观察检验，查施工日志
	3	衬砌结构		不应侵入建筑限界	全站仪、水准仪测量
	4	隧道轴线位置和高程偏差	平面位置	±100mm	用全站仪测中线
			高程		用水准仪测高程
一般项目	1	衬砌环直径（D）椭圆度允许偏差值		±0.6%D	尺量后计算
	2	相邻管片的径向错台允许偏差值		10mm	尺量
	3	相邻环片环面错台允许偏差值		15mm	尺量

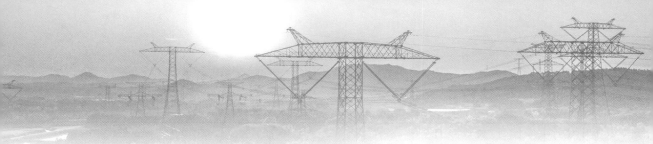

第12章

隧道施工监控量测质量验收

12.1 监控量测的基本内容

12.1.1 监测对象

综合管廊施工应进行监测，其中的盾构隧道工程应在施工阶段对支护结构、周围岩土体及周边环境进行监测。并依据设计及国家现行有关标准的规定分别编制监测方案和按照规定程序审批后执行。

工程监测对象主要包括支护结构、周围岩土体和周边环境。支护结构监测对象主要为基坑支护桩（墙）、立柱、支撑、锚杆、土钉以及盾构法隧道管片；周围岩土体监测对象主要为工程周围的岩体、土体、地下水以及地表；周边环境监测对象主要为工程周边的建（构）筑物、地下管线、高速公路、城市道路、桥梁、既有轨道交通以及其他城市基础设施。

12.1.2 监测目的

综合管廊施工期间的工程监测应为验证设计、施工及环境保护等方案的安全性和合理性，优化设计和施工参数，分析和预测工程结构和周边环境的安全状态及其发展趋势，实施信息化施工等提供资料。

工程监测主要是为评价工程结构自身和周边环境安全提供必需的监测资料，因此，工程监测工作需要依据国家有关法律法规和工程技术标准，通过采用测量测试仪器、设备，对工程支护结构和施工影响范围内的岩土体、地下水及周边环境等的变化情况（如变形、应力等）进行量测和巡视检查，依据准确、详实的监测资料研究、分析、评价工程结构和周边环境的安全状态，预测工程风险发生的可能性，判断设计、施工、环境保护等方案的合理性，为设计、施工相关参数的调整提供资料依据。

12.1.3 监测工作流程

工程监测应遵循以下工作流程：

（1）收集、分析相关资料，现场踏勘；

（2）编制和审查监测方案；

（3）埋设、验收与保护监测基准点和监测点；

（4）校验仪器设备，标定元器件，测定监测点初始值；

（5）采集监测信息；

（6）处理和分析监测信息；

（7）提交监测日报、警情快报、阶段性监测报告等；

（8）监测工作结束后，提交监测工作总结报告及相应的成果资料。

12.1.4 监测方案编制

工程监测方案编制前应收集并分析水文气象资料、岩土工程勘察报告、周边环境调查报告、安全风险评估报告、设计文件及施工方案等相关资料，并进行现场踏勘。

监测范围内的周边环境现场踏勘与核查是编制监测方案的重要环节，开展现场踏勘与核查工作时需要注意以下内容：

（1）环境对象与工程的位置关系及场地周边环境条件的变化情况。

（2）工程影响范围内的建（构）筑物、桥梁、地下构筑物等环境对象的使用现状和结构裂缝等病害情况。

（3）重要地下管线和地下构筑物分布情况，并应特别注意是否存在废弃地下管线和地下构筑物，必要时挖探确认。同时，对地下管线的阀门位置，雨水、污水管线的渗漏情况等进行调查。

周边环境对象调查工作一般在设计的前期开展，但受工期及技术条件等限制及其他各种原因影响难免有遗漏或不准确的情况，同时随着城市建设的变化如拆迁、新建、改建等，在工程建设过程中，环境条件可能发生较大变化，现场踏勘发现这些情况时应及时与设计单位、建设单位及相关单位等进行沟通，保证监测方案的编制更具体、更有针对性，并且能符合相关各方的要求。

工程监测方案应根据工程的施工特点，在分析研究工程风险及影响工程安全的关键部位和关键工序的基础上，有针对性地进行编制。监测方案宜包括以下内容：

（1）工程概况；

（2）建设场地地质条件、周边环境条件及工程风险特点；

（3）监测目的和依据；

（4）监测范围和工程监测等级；

（5）监测对象及项目；

（6）基准点、监测点的布设方法与保护要求，监测点布置图；

（7）监测方法和精度；

（8）监测频率；

（9）监测控制值、预警等级、预警标准及异常情况下的监测措施；

（10）监测信息的采集、分析和处理要求；

（11）监测信息反馈制度；

（12）监测仪器设备、元器件及人员的配备；

（13）质量管理、安全管理及其他管理制度。

12.1.5　测点布设要求

监测点的布设是开展监测工作的基础，是反映工程自身和周边环境安全的关键，监测点布设时需要认真分析工程支护结构和周边环境特点，确保工程支护结构和周边环境对象受力或位移变化较大的部位有监测点控制，以真实地反映工程支护结构和周边环境对象安全状态的变化情况。同时，还要兼顾监测工作量及费用，达到既控制了安全风险的目的，又节约了费用成本。

监测点的埋设位置应便于观测，不应影响和妨碍监测对象的正常受力和使用。监测点应埋设稳固，标识清晰，并应采取有效的保护措施。

监测点的数值变化是监测对象安全状态的直接反映，监测点埋设质量好坏对监测成果的准确性、可靠性有着较大影响，因此应埋设牢固，并采取可靠方法避免监测点受到破坏，如对地表位移监测点加保护盖、对传感器引出的导线加保护管、对测斜管加保护管或保护井等。若发现监测点被损坏，需及时恢复或采取补救措施，以保证监测数据的连续性。另外，为便于监测和管理，应对监测点按一定的编号原则进行编号，标明测点类型、保护要求等，并在现场清晰喷涂标识或挂标示牌。

现场监测应采用仪器量测、现场巡查、远程视频等多种手段相结合的综合方法进行信息采集。各监测项目采用的监测仪器的精度、分辨率及测量精度应能反映监测对象的实际状况。

监测信息采集的频率和监测期应根据设计要求、施工方法、施工进度、监测对象特点、地质条件和周边环境条件综合确定，并应满足反映监测对象变化过程的要求。

监测信息应及时进行处理、分析和反馈，发现影响工程及周边环境安全的异常情况时，必须立即报告。

综合管廊工程监控量测应符合《城市轨道交通工程监测技术规范》（GB 50911—2013）和《盾构法隧道施工及验收规范》（GB 50446—2017）的有关规定。

12.1.6 监测项目

盾构法综合管廊隧道施工监控量测项目如表 12-1 所示。

表 12-1 盾构法施工监控量测项目

类别	监测项目	监测仪器及元件	监测精度	测点布置
应测项目	洞内及内外观察	洞内的管片变形、开裂等，洞外的地表沉降开裂，建筑物开裂等肉眼观察	—	—
	地表沉降	水准仪	符合有关要求	纵向地表测点沿盾构推进轴线设置，测点间距为 10～30m。在地层或周边环境较复杂地段布置横向监测断面。横向地表测点的布置范围根据预测的沉降槽确定，一般可在管廊结构外沿量测各 30m 范围内布设，一排横向地表测点不宜少于 7 个，且应根据近密远疏的原则布置。在盾构始发的 100m 初始掘进段内，监测布点宜适当加密，并布置一定数量的横向监测断面
	邻近建（构）筑物	水准仪、全站仪、裂缝观测仪	符合有关要求	根据建筑物的沉降、倾斜不同分别布置
	地下管线沉降	水准仪	符合有关要求	地下管线每 5～15m 一个测点，管线结构处或位移变化处布置
	管片衬砌变形	全站仪、收敛仪、断面扫描仪	符合有关要求	每一个盾构区间管廊设置 1～2 个主测断面
选测项目	土体分层沉降及水平位移	分层沉降仪、测斜仪	符合有关要求	与上述主断面相对应设 1～2 个主测断面
	管片衬砌和地层的接触应力	土压力盒、频率接收仪	符合有关要求	与上述主测断面相应设 1～2 个主测断面，每个断面不少于 5 个测点
	管片内力	钢筋应力计、混凝土应变计、螺栓应力计	符合有关要求	与上述主测断面相应设 1～2 个主测断面，每个断面不少于 5 个测点

12.2 实施质量检测与验收

12.2.1 基本要求

管廊隧道观察施工应及时进行监控量测，设计单位应进行监控量测设计，施工单位应编制监控量测实施细则。

监控量测实施细则应报监理、建设单位，经批准后实施并作为现场件业、检查验收的依据。

监控量测必须设置专职人员并经培训上岗。对周边建筑物可能产生严重影响的隧道工程，应实施第三方监测。

施工单位应成立现场监控量测小组，建立相应的质量保证体系和等级管理、信息反馈报的制度，负责及时将监控量测信息反馈于施工和设计，工程设工后应将监控资料整理归档并纳入竣工文件中。

监控量测应作为关键工序列入现场施工组织，施工中应认真实施。

不良地质地段施工时，应加密布置量测断面，并适当增大监控量测频率。

隧道浅埋、下穿建筑物地段，地表必须设置监测网点并实时监测。

施工中应定期观察衬砌表面情况，对于有开裂、掉块、渗漏水等情况的，应分析原因，及时采取加固措施。

施工现场必须建立严格的监控量测数据复核、审查制度，保证数据的准确性。监控量测数据应利用计算机系统进行管理，由专人负责。如有监控量测数据异常，应及时采取补救措施，并做出详细记录。

12.2.2 主控项目

（1）地表沉降测点和隧道内测点应布置在同一断面里程。地表沉降测点应在隧道开挖前布设，补点应牢固，平面位置和断面里程应符合设计要求。

检验方法：观察、仪器测量。

（2）隧道内测点设置平面位置和断面里程应符合设计要求。

检验方法：观察、仪器测量。

（3）监控量测数据应按设计要求的频次读取数据，量测数据内容应完整，成果真实可靠。

检验方法：检查监测记录。

（4）监控量测数据应及时整理分析并反馈于施工。当监测数值报警时，并及时分析原因，采取处理措施。

检验方法：测量、检查监测记录。

12.2.3　一般项目

（1）隧道监控量测元件、工具精度、测量范围应满足设计要求，并具有良好的防震、防水、防腐性能。

检验方法：读取数据、仪器测量、第三方鉴定。

（2）测点埋设应符合设计和《城市轨道交通工程监测技术规范》（GB 50911—2013）的要求。

数据点应埋入围岩浅层内；当采用接触量测时，测点挂钩应做成闭合三角形，保证牢固不变形，无尺量测的测点应贴反光标，标识应准确、准目。

检验方法：观察。

参 考 文 献

[1] 油新华，申国奎，郑立宁．城市地下综合管廊建设成套技术［M］．北京：中国建筑工业出版社，2018.

[2] 曹彦龙．城市综合管廊工程设计［M］．北京：中国建筑工业出版社，2018.

[3] 彭芳乐，杨超，马晨骁．地下综合管廊规划与建设导论［M］．上海：同济大学出版社，2018.

[4] 陈在军，梁东，白朝辉．城市地下综合管廊建设指南［M］．北京：中国电力出版社，2019.

[5] 王建．城市地下综合管廊设计与工程实例［M］．北京：中国建筑工业出版社，2019.

[6] 黄宏伟，薛亚东，邵华，等．城市地铁盾构隧道病害快速检测与工程实践．上海：上海科学技术出版社，2019.

[7] 黄宏伟．隧道结构非接触式快速检测与健康评估［M］．上海：同济大学出版社，2018.

[8] 仇玉良．隧道检测监测技术及信息化智能管理系统［M］．北京：人民交通出版社，2013.

[9] 毛红梅．隧道施工质量检测与验收［M］．北京：人民交通出版社，2016.

[10] 强健．综合管廊技术标准体系应用现状浅析［J］．城市道桥与防洪，2019，2（3）：195-198.

[11] 倪修勤，王云泉，王国泉．地质雷达方法检测隧道衬砌厚度研究［J］．现代交通技术，2006，3（3）：50-53.

[12] 张启福，孙现申．三维激光扫描仪测量方法与前景展望［J］．北京测绘，2011，（1）：39-42.